●职业院校摄影摄像系列教材●

U0212802

摄影用光
教程 *Light & Lighting*
for Photography

张小喻 范华 著

人民邮电出版社
北京

图书在版编目（CIP）数据

摄影用光教程 / 张小喻，范华著. -- 北京：人民
邮电出版社，2024.2
ISBN 978-7-115-62818-3

Ⅰ. ①摄… Ⅱ. ①张… ②范… Ⅲ. ①摄影光学－教
材 Ⅳ. ①TB811

中国国家版本馆CIP数据核字(2023)第193864号

内 容 提 要

光影是决定照片成功与否的关键因素之一。本书对摄影用光基础、照片影调、光与色的
艺术、在不同自然光下创作迷人的光影效果、特殊的用光技巧、自然风光摄影的用光技巧、
花卉与林木摄影的用光技巧、城市摄影的用光技巧、人像摄影的用光技巧、静物与商品摄影
的用光技巧、摄影后期控光技法等内容进行了由浅入深的介绍。作者将比较抽象的用光理论
原理，结合了具体的实战案例进行讲解，相信可以让读者能够更好的领会摄影用光的精髓，
快速提高自己的摄影用光及审美水平。

本书内容全面，知识体系完整、系统，囊括了数码摄影用光的基础知识、拍摄实战与后
期技法等全方位技巧，适合摄影爱好者参考学习，也可以作为高等职业院校相关专业的教材
使用。

◆ 著　　　　张小喻　范　华

责任编辑　胡　岩

责任印制　陈　犇

◆ 人民邮电出版社出版发行　　北京市丰台区成寿寺路 11 号

邮编　100164　电子邮件　315@ptpress.com.cn

网址　https://www.ptpress.com.cn

临西县阅读时光印刷有限公司印刷

◆ 开本：700×1000　1/16

印张：13.75　　　　　　　　2024 年 2 月第 1 版

字数：234 千字　　　　　　　2024 年 2 月河北第 1 次印刷

定价：69.00 元

读者服务热线：(010)81055296　印装质量热线：(010)81055316
反盗版热线：(010)81055315

广告经营许可证：京东市监广登字 20170147 号

系列书编委会名单

顾　问：杨恩璞

总策划：吴其萃

主　编：曹　博

编　委：（按姓氏音序排列）

白　鑫　陈建强　陈　琪　陈英杰　崔　波　范　华

高　恒　高鹏飞　胡雅雯　黄春意　黄建土　康缓缓

李晓晴　林　丹　马　也　齐　珂　汤承斌　唐　松

田　雨　王咏梅　吴　惠　吴木春　吴其萃　吴云轩

杨婳娜　杨恩璞　张小喻　郑志强　朱晓兵

PREFACE

序

一

    培养摄影人才，固然离不开教师引导，但我认为，现代正规高等教育，不应仅仅满足于那种工匠口传手艺的师徒模式，还必须建立一套总结前辈实践经验、吸收当今理论创新的教材。教材，是老师教学的规范、学生修业的指南，只有以教材为轨道，教师才能合乎科学、与时俱进地传授摄影知识。

    基于上述认识，本世纪初，泉州华光摄影艺术职业学院（即今泉州华光职业学院前身）自创办开始就十分重视摄影专业教材的建设。在吴其萃董事长的支持下，学院组织许多知名教授、学者和摄影师参与策划和撰稿，后由福建人民出版社和高等教育出版社出版了多本教材。这套教材对提高华光的教学质量发挥了巨大作用，其中部分教材还获得了教育部的嘉奖，在摄影界产生了一定影响。

    时光荏苒，转眼间从华光建校至今已有二十多年。二十多年前摄影刚刚开始从胶片时代步入数码时代，而当下已经全面进入智能数码化和网络化结合时代。无论是摄影理念和作品的创新、摄影器材的更新，还是多媒体教学手段的实施（如现代化广告摄影、视频微电影、手机摄影、无人机航拍、新型的 AI 软件应用和网络教学手法等）都对摄影教育提出了新的课题。为了顺应时代发展的需要，培养学生掌握新观念、新工艺，泉州华光职业学院出版了这系列全新的提升版摄影教材。

    2003 年，我曾有幸出任华光摄影艺术职业学院第一套摄影系列教材的主编。通过教材的编审和出版，我不仅获得学习、提高的机会，还懂得了出版教材的严肃性，不能误人子弟。如今，我已是耄耋愚叟，力不从心甘居二线，但看到华光学院后继有人，有不少中青年教师参与新书的撰稿，心里感到十分喜悦。相信他们也会认真负责，总结自己的教学经验，并博采国内外摄影界的真知灼见和探索成果，把华光学院的摄影教材打造成精品读物。

泉州华光职业学院名誉院长

北京电影学院教授

杨恩璞

2023 年 8 月

　　党的二十大报告提出"统筹职业教育、高等教育、继续教育协同创新，推进职普融通、产教融合、科教融汇，优化职业教育类型定位"，强调"健全终身职业技能培训制度"，加快建设包括大国工匠和高技能人才在内的"国家战略人才力量"，"建设全民终身学习的学习型社会、学习型大国"，这些重要思想体现了党对职业教育高度重视，表明了职业教育在整个教育体系中的显著分量。职业教育承担着服务于人的全面发展，服务经济社会发展，支撑新发展格局的职责，深化现代职业教育体系建设改革是当前一项迫切而重要的任务。

　　职业教育教材建设是落实这一任务的重要载体。2003年由泉州华光摄影艺术职业学院组织专家学者与本校教师联合开发的摄影系列教材，作为中国人像摄影学会推荐教材出版。学校经过近二十年的不懈努力，教学科研创作屡创佳绩，获得国家级职业教育精品课、国家规划教材等一系列成果。在职业教育"双高计划"建设背景下，学校积极推进摄影摄像专业群建设，启动第二轮职业教育摄影摄像系列教材建设工作。由曹博教授主编的摄影摄像技术系列教材，坚持对接行业产业数字化转型对摄影摄像人才的要求，立足于职业院校学生全面发展和新时代技术技能人才培养的新要求，着眼学生职业能力提升，服务学生成长成才和创新创业，更加注重产教融合，更加注重教学内容和实践经验结合，提高学生的实践能力和应用能力。本系列教材有以下显著特点。

　　一是坚持标准引领。系列教材依据高等职业学校摄影摄像相关专业教学标准和职业标准（规范），遵循教育教学规律，以职业能力为主线构建课程体系，提升学生职业技能水平和就业能力。系列教材的内容丰富，涵盖了摄影摄像的各个方面，包括基础知识、摄影技术技巧、影像行业应用、后期制作等，反映了广播影视与网络视听行业产业发展的新进展、新趋势、新技术、新规范。

　　二是突出产教融合。系列教材力求突出理论和实践统一，体现产教融合。系列教材适应职业教育项目教学、案例教学、模块化教学等不同要求，注重以真实生产项目、典型工作任务和案例等为载体组织教学单元，具有较强的实用性和可操作性。系列教材的作者团队由摄影摄像领域的专家、职业院校教师，以及行业、企业从业者组成，他们大多具有丰富的教学、科研或企业工作经验，通过采纳企业一线案例和技术技能，采取多主体协同工作的形式开发教材内容，便于学习者养成良好的职业品格和行为习惯。

三是体现创新示范。系列教材编排科学合理、形式活泼，积极尝试新形态教材建设，开发了活页式、工作手册等形式的教材，配套视频内容丰富，并作为国家级、省级精品课程配套资料。学习者通过平台观看配套的数字课程，以翻转课堂，线上线下混合式学习，打造学习新场景。

相信，此系列教材的出版，将为职业院校广播影视类专业师生教与学提供一套系统、全面、实用的参考书籍。

全国广电与网络视听职业教育教学指导委员会秘书长

教育部高等学校新闻传播学类专业教学指导委员会委员

山西传媒学院教授

郭卫东

2023 年 9 月

　　本书旨在揭示摄影中的光线之美，分享使用光线创造令人惊艳的影像的实用技巧。

　　在摄影中，光线不仅是照亮景物的工具，也是摄影师手中神奇的笔，可以写出色彩、形状、纹理和氛围的诗篇。对于我来说，光线是塑造画面、讲述故事的重要元素。通过对光线的认识和掌握，我们可以将平凡的场景转化为绝美的画面，创作出触动人心的摄影作品。

　　本书中，我会从基础的用光知识着手，向你详细解释光的特点、光的方向等概念。我们将一起学习如何看光、读光，更重要的是，学习如何用光。从自然光到人工灯光，从直射光到散射光，本书将为你提供一个全面而独特的视角，引导你深入理解和使用光线。

　　本书也将深入探讨在特殊光线条件下的拍摄技巧，例如如何在弱光环境下拍摄，如何利用逆光创造出梦幻的剪影，以及如何在大光比条件下获取均衡的曝光。不同的光线条件会给摄影带来不同的挑战，而我将会与您分享我在多年的教学和创作中积累的经验。

　　希望这本书能够激发你对摄影用光的兴趣。我相信，只要用心去理解和观察，每一个人都能掌握用光的技巧，将内心的想象和感受转化为千变万化的影像。

　　摄影，本就是一种视觉语言，而光线，则是我们用以传达这种语言的主要素材。只有对光线有足够的了解和感知，我们才能通过摄影这种艺术形式，传达出对世界的理解和态度。你在这本书中不仅可以学到专业的摄影用光知识和技巧，也将被引导去思考、感受光线如何影响我们对环境、人物、物体的观察与认知。

无论你是刚刚踏入摄影世界的新手，还是已有一定经验但希望进一步提升技艺的老手，我都诚挚地希望这本书能对你有所帮助。

　　我期待你在阅读这本书的过程中，不仅能找到答案，更能发现问题。每一张照片的拍摄都是一次学习的机会，每一束光线都蕴含无限的可能。希望这本书能为你的摄影旅程带来光亮，并伴你一起探索光影的奥秘。

　　再次感谢你翻开这本书，让我有机会与你分享我对摄影光线的热爱与理解。让我们携手，以光为绘笔，以镜头为画布，一同描绘丰富而深邃的摄影世界。

泉州华光职业学院　张小喻

2023 年 6 月

CONTENTS

目录

第1章
摄影用光基础：光比、光的特点与光的方向

认识光线，对摄影师来说是非常重要的。光线的条件和效果，是摄影师必须掌握的知识。

1.1 光比

光线投射到景物上时，亮部与暗部的受光比例就是光比。这样说你可能会觉得抽象，不易理解，其实我们可以用明暗反差来替代光比，这样就更容易理解了。

我们总会听到一些摄影师说光比是多大，具体的值是几比几。如果景物表面没有明暗的差别，那光比就是1:1；如果景物受光面与背光面反差很大，那光比可能是1:2、1:4等。测量光比，我们可以使用专业的测光表，但这对于大多数业余爱好者来说还是有些麻烦。

其实我们可以用一种更简单的方法来测量光比。我们先用点测光测背光面，确定一个曝光值，再测受光面的曝光值。如果两者相差1EV的曝光值，那光比就是1:2（因为1EV就表示曝光值差1倍）；如果两者相差2EV的曝光值，那光比就是1:4；依次类推……虽然我们看不到明确的曝光值，但我们可以在确定光圈与感光度的前提下，确定快门速度每变化1倍，曝光值就变化了1倍，这样就可以测量光比了。

光比对于我们拍摄的最大意义是让我们知道场景的明暗反差到底是大还是小。反差大则画面视觉张力强，反差小则画面柔和恬静。

大光比画面的特点及应用

在摄影领域，大光比即高反差，这样的场景通常被称为硬调光场景，拍摄

的照片自然是硬调的；反之则是软调。大光比画面会让人感觉刚强有力，小光比画面会给人柔和恬静的视觉感受。自然风光摄影、商品摄影中大光比画面质感坚硬，小光比画面则要柔和很多，有利于表现被摄体表面的细节。

提示

人像摄影中，大光比能很好地表现人物的个性。

大光比的照片

室内布光时，大光比适合拍摄男性个性人像

小光比画面的特点及应用

小光比画面的影调层次可能不够丰富，但其可以很好地呈现出被摄体各部分丰富的细节。

小光比的自然风光画面给人柔和、舒适的感觉

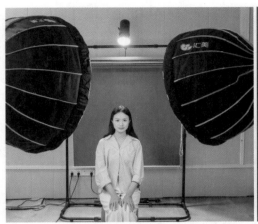

室内布光时，小光比适合拍摄甜美人像，如女性

1.2 光的特点

直射光及其特点

直射光是一种比较明显的光，照射被摄体时会使其产生受光面和阴影，并且这两部分的明暗反差比较强烈。直射光有利于表现被摄体的立体感，勾画被摄体的形状、轮廓、体积等，并且能够使画面产生明显的影调层次。

直射光示意图

严格地说，光线照射到被摄体上时，会产生三个区域。

（1）强光区域是指被摄体直接受光的区域，这一区域一般只占被摄体表面极少的一部分。强光区域由于受到光线直接照射，亮度非常高，因此一般情况下，肉眼可能无法很好地分辨被摄体表面的图像纹理及色彩表现。但也由于亮度极高，因此这一区域可能是能够极大吸引欣赏者注意力的区域。

（2）一般亮度区域是指介于强光区域和阴影区域之间的区域。在这一区域，亮度正常，色彩和细节的表现比较正常，欣赏者可以清晰地看到这些内容，这一区域也是一张照片中呈现信息最多的区域。

（3）阴影区域可以用于掩饰场景中影响构图的一些元素，使画面整体显得简洁流畅。

直射光下的画面具有较为丰富的影调层次

散射光及其特点

散射光也叫漫射光、软光。在散射光环境中，没有明显光源，光线没有特定方向。散射光在被摄体上任何一个部分所产生的亮度和给人的感觉几乎都是相同的，即使有差异也不会很大，这样被摄体的各个部分在所拍摄的照片中表现出来的色彩、材质和纹理等也几乎都是一样的。

在散射光下摄影，曝光是非常容易控制的，因为散射光下没有强烈的高光亮部与弱光暗部，摄影师很容易把被摄体的各个部分都表现出来，而且表现得非常完整。但也有一个问题，因为画面各部分亮度比较均匀，几乎不会有明暗反差的存在，画面影调层次欠佳，这会影响画面的视觉效果，所以画面层次只能通过被摄体自身的明暗、色彩来表现。

散射光示意图

这张照片是在散射光下拍摄的，这种散射光非常有利于呈现景物的细节与纹理

反射光及其特点

反射光是指并非由光源直接照射到景物上，而是经由道具反射后再照射到被摄体上的光线。反光用的道具大都不是纯粹的平面，而是经过特殊工艺处理的反光板。这样可以使反射后的光线获得散射光的照射效果，也就是柔化。通常情况下，反射光要弱于直射光，但强于自然的散射光，可以使被摄体的受光面比较柔和。反射光常用于自然光下的人像摄影。使主体人物背对光源，然后利用反光板反光，为人物正面补光。另外在拍摄一些静物时也经常用到反射光。

反射光示意图

绝大多数人像题材中，人物正面需要进行补光，我们借助反光板或闪光灯为人物正面补光，可以让画面的重点部位更有表现力

1.3　光的方向

顺光的特点及应用

在顺光条件下，摄影操作比较简单，也比较容易拍摄成功，因为光线顺着镜头的朝向照向被摄体，被摄体的受光面会成为所拍摄照片的主要内容，其阴影一般会被挡住，这样由阴影与受光面的亮度反差带来的拍摄难度就没有了。这种情况下，拍摄的曝光过程就比较容易控制。顺光拍摄的照片中，被摄体表面的色彩和纹理都会呈现出来，但是不够生动。如果光照强度很高，被摄体的色彩和表面纹理细节还会损失。顺光使被摄体亮度均匀、柔和，也更容易遮挡皮肤瑕疵，而与此同时也会导致画面缺乏立体感和塑形感，容易拍成俗话说的"大饼脸"，一般在拍摄记录日常的照片及证件照时使用较多。

顺光示意图

有时虽然并不是严格意义上的顺光拍摄，但因为景物距离比较远，影子几乎不可见，我们可以将场景大致看成顺光环境

顺光人像布光   效果图

侧光的特点及应用

侧光是指来自被摄体左右两侧，与镜头朝向呈
90°的光线，这样被摄体的投影落在侧面，被摄体的明
暗影调各占一半，阴影富有表现力，被摄体表面结构十
分明显，每一个细小的隆起处都会产生明显的影子。采
用侧光摄影，能比较突出地表现被摄体的立体感、表面
质感和空间纵深感，可凸显较强烈的造型效果。用侧光
拍摄林木、雕像、建筑物、水纹、沙漠等各种表面质感
明显的物体时，能够获得影调层次非常丰富、空间效果
强烈的画面。

侧光示意图

侧光人像布光   效果图

侧光下拍摄人物，有利于营造一些特殊的情绪和氛围

侧顺光的特点及应用

侧顺光是指光线的照射方向与相机的拍摄方向成锐角夹角。侧顺光兼具顺光与侧光两种光线的特征，它既保证了被摄体的亮度，又可以使其明暗对比得当，有很好的塑形效果。侧顺光是最常见的外景婚纱摄影用光，也是单光源补光效果较理想的光线。

侧顺光下拍摄的画面有丰富的影调层次，不仅有利于表现人物的造型，还可以突出立体感。其缺点是画面的亮部和暗部的光比及面积比例难以把控。

在侧顺光条件下，人物面部大面积处于受光面，所以应按亮部进行测光、曝光；如光比过大，暗部层次缺失严重，则需要利用补光工具给暗部补光，或降低亮部光照强度。

侧顺光下拍摄的婚纱照

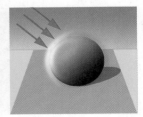

侧顺光示意图

侧逆光的特点及应用

侧逆光是指光线的照射方向与相机的拍摄方向成钝角夹角。侧逆光兼具逆光与侧光两种光线的特征，采用侧逆光拍摄，被摄者面部和身体的受光面只占小部分，阴影占大部分，被摄者的一侧有明显的轮廓光，这样能很好地表现被摄者面部的立体感。侧逆光下拍摄的画面具有很好的光影效果。

侧逆光能营造很强的空间感，拍摄的画面层次丰富且生动活泼。其缺点是容易因测光不准确而使画面曝光过度或曝光不足。

使用侧逆光拍摄人像时，常常需要使用反光板、闪光灯等辅助设备适当提高阴影的亮度，修饰阴影的层次，提升阴影的立体感。

侧逆光下拍摄的人像

侧逆光示意图

逆光的特点及应用

逆光与顺光是完全相反的两类光线，逆光是指光源位于主体的后方，照射方向正对相机镜头。逆光下的环境明暗反差与顺光完全相反，受光部位也就是亮部位于主体的后方，镜头无法拍摄到，镜头所拍摄的画面是主体背光的阴影部分，亮度较低。虽然镜头只能捕捉到主体的阴影部分，但主体之外的背景部分却因为光线的照射而成为亮部。这样造成的结果就是画面明暗反差很大，因此在逆光下很难拍到主体和背景都曝光准确的照片。利用逆光的这种特点，可以拍摄剪影的效果，这样的照片会极具感染力和视觉冲击力。

逆光示意图

逆光拍摄会让主体正面曝光不足而形成剪影。一般剪影会给人深沉、大气或神秘的感觉。并且逆光容易勾勒出主体的线条轮廓。当然，所谓的剪影不一定是非常绝对的，主体还是可以如下图这样有一定的细节显示出来，这样画面的细节和层次都会更加丰富

逆光拍摄的主体人物有明显的轮廓光，画面有明显的明暗反差。逆光又被称为"轮廓照明"，逆光拍摄的画面效果十分生动，且富有造型特点

逆光还可以营造剪影效果

顶光的特点及应用

　　顶光是指来自被摄体顶部的光线，与镜头朝向成 90° 左右的角度。晴朗天气里，正午的太阳通常可以看作最常见的顶光光源，另外通过人工布光也可以获得顶光光源。正常情况下，顶光不适合拍摄人像，因为拍摄时人物的头顶、前额、鼻头很亮，而下眼睑、颧骨下面和鼻子下方完全处于阴影之中，这会造成一种反常的形态。因此，一般都避免使用这种光线拍摄人像。

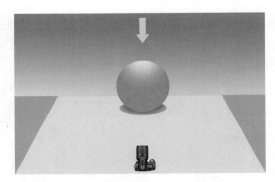

顶光示意图

顶光拍摄人物，人物的下眼睑、鼻子下方会出现明显的阴影，这会丑化人物，营造非常恐怖的气氛，而像上图中的人物这样戴上一顶帽子，则解决了这个问题，反而营造出一种特别的画面意境

底光的特点及应用

底光也称为脚光，是从被摄体下方向上投射的光线，大多出现在城市的一些广场建筑物中。从下方投射的光线大多作为修饰光出现，并且对单个的被摄体有一定的塑形作用。

场景当中，两道明显的底光向上照射，让建筑物有了较好的影调层次和轮廓感，显得比较立体

舞台灯光一般使用底光比较多，底光在拍摄特殊场景时能产生奇特的效果

第 2 章
正确认识照片影调

照片的影调指的是照片整体的色调和明暗程度，也可以理解为照片整体的色彩和光照效果。影调包括照片中的亮部、中间调和暗部的明暗关系等。

本章我们将与大家一起来正确认识照片的影调。首先我们会讲解一些有关照片影调的基本审美规律，之后介绍能对照片影调进行一定程度衡量的直方图的知识，最后介绍照片的影调类型。

2.1 照片影调的基本审美规律

首先来看照片影调的基本审美规律。

通透，细节完整

一张照片如果要从影调的角度给人非常美的观感，那么一定要非常通透。然而在雾霾天或大雾天进行拍摄，我们就很难得到通透的画面效果。

要得到通透的照片，一般来说，画面要有足够高的对比度，即亮部足够亮、暗部足够暗。但是我们应该注意，画面的对比度提高或明暗反差增大以后，容易导致高光或暗部出现溢出、丢失细节的问题。

画面整体是比较通透的，明暗反差比较大，但是高光和暗部并没有出现死白或死黑的问题，没有损失细节，也就是说，在保持照片通透的基础上，细节依然是足够完整的。这张照片整体就是一种比较理想的影调状态

画面整体对比度降低，亮部不够亮，暗部不够暗，整体不够通透，灰蒙蒙的，让人感觉不舒服

画面非常通透，但可以看到对比度提高后，受光线照射的位置出现了死白的情况，而背光的阴影处有些区域变为了死黑，即损失了高光和暗部的细节。这种照片给人的感觉就不够好

层次丰富

有关照片影调的第 2 条基本审美规律，是影调层次要丰富。用比较通俗的话来讲，照片从最亮到最暗要有足够多的层次，这样才足够耐看，才会显示出更强的立体感。如果只有纯白和纯黑两级影调，那么照片就不再能够称为照片，而会变为简单的图像。

当然，在一些特殊的场景当中，我们有时也会刻意减少画面的影调层次，营造出或是高调，或是低调，或是高反差的剪影的画面效果。

这张照片影调层次是非常丰富的，有高光、中间调、纯黑的区域。这原本是一个比较简单的场景，但因为有丰富的影调层次，所以照片看起来就比较理想

这张照片影调层次就比较少，它呈现的是一种剪影的效果，强调了人物的轮廓和整个背景窗户。这张照片其实有一个比较关键的点，就是地面上的倒影，它在纯黑和纯白之间形成了一定的过渡，让照片产生了比较明显的立体感

这张照片表现的是阴雨的天气，如果我们不进行后期处理，那么画面肯定是灰蒙蒙一片，缺乏影调层次，不好看。只有为这种散射光场景营造出一定的光照区域，影调层次才会变得丰富，画面才会具有立体感，才会好看

这张照片的问题就比较明显，画面中虽然有金黄的树木、碧绿的河水，但因为缺乏阴影，影调层次不够丰富，照片整体的表现力也就有所欠缺

影调过渡要平滑

之前我们已经介绍过，照片要足够通透，要有丰富的影调层次，此外我们还应该注意一点，照片由明到暗的过渡一定要平滑。如果影调层次由白色直接跳跃到黑色，缺乏中间调的过渡，那么画面给人的感觉一定不会好。

我们往往会在太阳已落山但天还没有彻底黑时拍摄城市夜景，这是因为此时的地面城市已经亮起了灯光，这样就既能保证画面中出现非常绚丽的灯光，又能保证没有灯光的暗部不会彻底变为死黑，让画面从暗部到高光有平滑的过渡。

如果在天彻底黑以后进行拍摄，那么城市中背光的一些区域一定是死黑的，而灯光部分亮度非常高，这就会导致最终拍摄的画面有跳跃性的明暗反差，影调过渡不够平滑，画面一定不会好看。

这张照片就是影调过渡平滑的一个具体案例

这张照片给人的感觉非常不舒服。可能有些人不知道为什么，实际上如果仔细观察，我们就会发现整个天空的亮度非常高，但是地景又太暗，天空到地景的亮度出现了一种跳跃性的变化，影调过渡不够平滑，所以照片给人的感觉是不舒服的

我们调整了天空与地景的亮度差后，画面整体给人的感觉就非常好了

符合自然规律

对画面影调进行调整时，一定要注意，照片的光照效果一定要符合自然规律，如果不符合自然规律，画面就会出现问题，给人的感觉就会非常不自然。

这张照片让人感觉别扭，为什么呢？我们观察地景的主体，可以看到地景的马群右侧亮度比较高，很明显光源应该在画面的右侧，但照片中光源在画面的左侧，这就不符合自然规律，这种不符合自然规律的照片给人的感觉一定是不舒服的

通过调整影调及合成使这张照片符合光照效果的自然规律，画面给人的感觉就比较协调

2.2　3 分钟掌握直方图

Photoshop 中 0 与 255 的来历

先来看一个问题，01011001、11001001、10101010……8 位的二进制数字，一共可以排列出多少个值？其实非常简单，一共有 2 的 8 次方种组合方式，即可以排列出 256 个值。计算机采用二进制，如果某种软件是 8 位的位深度，就能呈现 256 种具体的数据结果。例如，Photoshop 在呈现图像时默认是 8 位的位深度，因此能呈现 256 种数据结果。

这 256 种数据结果，在表现照片明暗时，纯黑用 0 表示，纯白用 255 表示，即照片有 0 ~ 255 共计 256 种明暗。

Photoshop 内很多具体的功能设定中，都有 0 ~ 255 的色条，很容易辨识。

"色阶" 对话框

直方图的构成

直方图是反映照片明暗的重要工具。在相机中回看照片时，可以调出直方图，查看照片的曝光状态。在后期软件中，直方图是指导摄影后期明暗调整最重要的工具。在 Photoshop 或 Camera Raw（简称 ACR）的主界面中，右上方都会有一个直方图，它是非常重要的衡量标尺。一般来说，调整明暗时，需要随时观察照片调整后的明暗显示状态。不同显示器的明暗显示状态不同，如果我们只靠肉眼观察，可能无法非常客观地描述照片的高光与暗部的分布状态；但借助直方图，再结合肉眼的观察，我们就能够实现更为准确的明暗调整。下面来看直方图的构成。

首先在 Photoshop 中打开一张从纯黑（亮度为 0）到纯白（亮度为 255）分布在不同亮度像素的图像，这是一张有黑色、深灰、中间灰、浅灰和白色的图像。打开后，界面右上方出现了直方图，但是直方图并不是连续的波形，而是一条条的竖线。根据它们之间的对应关系，直方图最左侧对应的是纯黑，最右侧对应的是纯白，中间对应的是深浅不一的灰色，因为由纯黑到纯白并不是平滑过渡的，所以表现在直方图中就是一条条孤立的竖线。直方图从左到右对应的是照片从纯黑到纯白不同亮度的像素，不同的竖线高度则对应的是不同亮度像素的多少，纯黑的像素和纯白的像素非常少，它们对应的竖线高度也比较矮，中间的灰色像素比较多，它们对应的竖线高度也比较高，由此可以较为轻松地理解像素与直方图的对应关系。

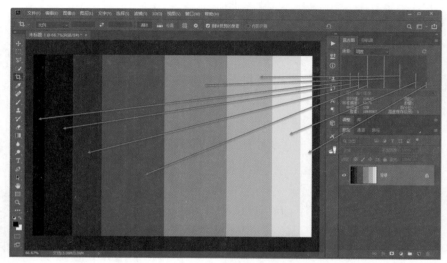

像素与直方图的对应关系

再来看一张曝光正常的照片。照片中，像素从纯黑到纯白是平滑过渡的，表现在直方图中也是如此，这样我们就掌握了直方图与照片画面的明暗对应关系。

曝光正常的直方图形式

直方图的状态调整

打开一张照片后，初始状态的直方图如下图所示，直方图中不同的色彩反映的是不同色彩的明暗分布关系。

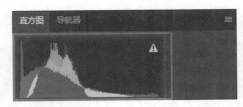

初始状态的直方图

如果需要比较详细的直方图，可以在直方图面板右上角单击打开折叠菜单，选择"扩展视图"，调出更为详细的直方图。在"通道"列表中选择"明度"，可以更为直接地观察对应明暗关系的直方图。

设定直方图的扩展视图和明度模式

高速缓存如何设定

初次打开的明度直方图右上角有一个警告标志，它对应的是"高速缓存"。所谓高速缓存是指在处理照片时，直方图是抽样的状态，并非与完整的照片像素一一对应。因为在处理时，Photoshop 会对整个照片画面进行简单的抽样，这样会提高处理时的显示速度。如果取消高速缓存，此时的直方图与照片像素会形成准确的对应关系，但处理照片时，刷新速度会变慢，影响后期处理的效率。大部分情况下，高速缓存默认自动运行，当然，高速缓存是可以在 Photoshop 的首选项中进行设定的。高速缓存的级别越高，抽样的程度也会越大，照片像素与直方图对应程度也会越低，但是刷新速度会越快。如果设定较低的高速缓存级别，比如没有高速缓存，则直方图与照片像素的对应程度就非常高，但是刷新速度会比较慢。从下图中可以看到，高速缓存级别为2，是一个比较高的级别。

如果取消高速缓存，直方图会有一定的变化。

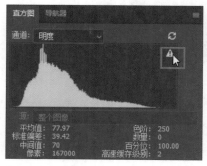

高速缓存标志

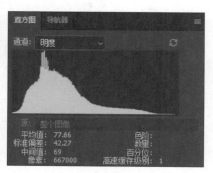

取消高速缓存后的直方图

直方图参数解读

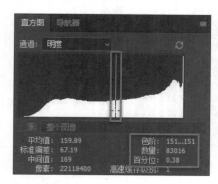

直方图参数

打开一张照片，在直方图上单击，下方会出现大量的参数。

其中，平均值指的是画面所有像素的平均亮度。比如，亮度为0的像素有多少个，亮度为128的像素有多少个，亮度为255的像素有多少个，将这些像素数相加，再除以亮度总数，就得出平均值。平均值能反映照片整体的明暗状态。

标准偏差是统计学上的概念，这里不做过多的介绍。

中间值可以在一定程度上反映照片整体的明亮程度，此处的中间值为169，表示这张照片亮度比一般情况要稍高一些，照片整体是偏亮的。

像素显示的是照片的总像素数，用照片的长边像素数乘以宽边像素数，就是照片的总像素数。

色阶表示当前鼠标单击位置所选择的像素亮度。

数量表示所选择的像素中有多少个亮度为 151 的像素，此处这个亮度的像素共有 83016 个。

百分位是指亮度为 151 的像素数在总像素数中占的百分比。

以上就是直方图参数的详细介绍。

5 类常见直方图

通常情况下，绝大部分需要进行后期处理的照片所显示的常见直方图可以分为 5 类。

1. 曝光不足

第 1 类是曝光不足的直方图。从直方图来看，暗部像素比较多，亮部缺少像素，甚至有些区域没有像素，因此照片比较暗，这表明照片可能曝光不足。从照片来看，也确实有曝光不足的问题。

曝光不足的照片的直方图

2. 曝光过度

第2类是曝光过度的直方图。从直方图来看，大部分像素位于比较亮的区域，而暗部像素比较少，这是曝光过度的表现。从照片来看，也确实如此。

曝光过度的照片的直方图

3. 反差过大

第3类是影调缺乏过渡的直方图。从直方图来看，照片中最暗部与最亮部的像素比较多，中间调区域的像素比较少，这表示照片的反差大，缺乏影调的过渡。从照片来看也是如此，亮部与暗部的像素都比较多，过渡不够自然平滑，反差过大。

4. 反差过小

第4类是影调反差过小的直方图。从直方图来看，左侧的暗部缺少像素，右侧的亮部也缺少像素，大部分像素集中在中间调区域，这种直方图对应的照片一定是反差比较小、灰度比较高的，画面宽容度会有所欠缺。从照片来看，也确实如此。

反差过大的照片的直方图

反差过小的照片的直方图

5. 曝光合理

第 5 类是像素分布均匀的直方图，也是比较正常的一类。大部分照片经过调整后，都会有这样的直方图，无论暗部还是亮部都有像素出现，从最暗到最亮的各个区域，像素分布比较均匀。这张照片虽然暗部和亮部像素比较多，反差比较大，但整体来看是比较合理的。

曝光合理的照片的直方图

最后需要单独介绍一下直方图波形，如果最亮或最暗的区域有大量像素堆积，都是有问题的。比如纯黑色的 0 级亮度像素非常多，就会出现暗部溢出的问题，大量像素变为纯黑之后是无法呈现像素信息的；纯白色的 255 级亮度像素也是如此，如果纯白的像素非常多，就会出现高光溢出的问题。正常来说，大部分直方图应该位于 0 ~ 255 级亮度之间，需要有像素亮度达到 0 级和 255级，但在两端不能出现像素的堆积，这是直方图波形的标准和要求。

4 类特殊直方图

前面介绍了常见的 5 类直方图，下面要单独介绍一些特例。

1. 高调

第 1 类特殊直方图中，更多的像素位于右侧，这也就是说照片整体亮度非常高，过曝了。从照片来看，这是一种浅色系景物占据绝大多数的画面，这种画面本身就是一种高调的效果。所以，有时看似过曝的直方图，实际上对应的是高调的自然风光或人像画面。这种情况下，只要没有出现大量像素的过曝，就是没有问题的。出现过曝时，直方图右上角的警告标志（三角标）会变为白色。

高调照片及直方图

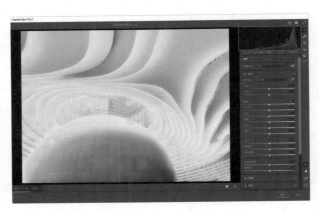

这张照片中的场景本身是浅色调，并且有大量的灯光，那么结合较高的曝光量，画面最终就得到了这种高调的室内建筑效果。从直方图来看似乎过曝了，而实际上这是一幅高调的摄影作品

2. 高反差

第2类特殊直方图，其左侧暗部和右侧亮部的像素堆积，是一种反差过大的直方图，中间调区域的像素有所缺失，明暗层次过渡不够理想。从照片来看，本身就是如此，因为是逆光拍摄的画面，白色的云雾亮度非常高，逆光的山体接近黑色，所以画面反差本身就应该比较大，这也是比较正常的。拍摄高反差场景时，比如拍摄日落或日出时的逆光场景，画面往往会有较大的反差，直方图波形也是看似不正常的，但这其实是一种比较特殊的影调输出状态。

高反差照片及直方图

3. 低调

第3类特殊直方图看似对应的是一张曝光严重不足的照片，是有问题的。但从照片来看，它本身强调的是"日照金山"的场景，有意压低了周边的曝光值，从而形成明暗对比鲜明的画面效果，是没有问题的。虽然直方图看似曝光不足，并且左上角的警告标志变白，表示有大量像素变为了纯黑色，但从照片效果来看，这是一种创意性的曝光，是没有问题的。

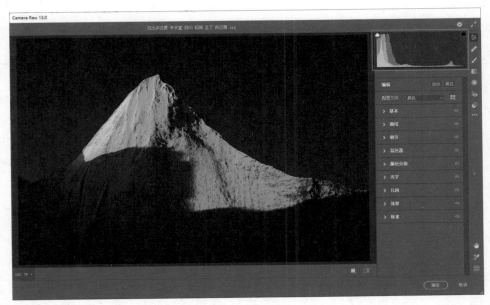

低调照片及直方图

这幅作品中，摄影师用低调表现手法强调自己的独特见解

4. 灰调

第 4 类特殊直方图，其左侧的暗部区域和右侧的亮部区域都缺乏像素，大部分像素集中于中间偏亮的位置，是一种孤空型的直方图。这种直方图对应的画面通透度有所欠缺，对比度比较低。但从照片来看，要的就是比较朦胧的影调效果，是没有问题的，这也是一种比较特殊的情况。

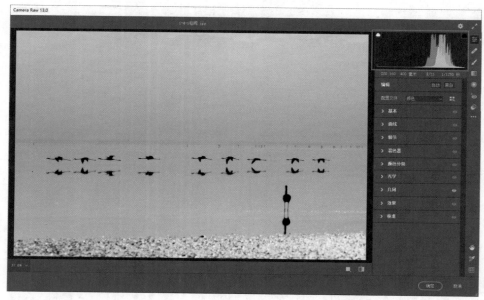

灰调照片及直方图

2.3 照片的影调类型

摄影中的影调，其实就是指画面的明暗层次。这种明暗层次的变化是由景物之间的受光不同、景物自身的明暗与色彩变化带来的。如果说构图是摄影成败的基础，那影调则在一定程度上决定照片的深度与灵魂。

256 级全影调

来看 3 张照片。第 1 张照片中只剩下纯黑和纯白像素，中间调区域几乎没有像素，细节和明暗层次都丢失了，这只能称为图像而不能称为照片了。

　　第 2 张照片中除了黑色和白色，还出现了一些灰色的像素，这样画面虽然依旧缺乏大量细节，并且明暗层次过渡不够平滑，但相对前一张图片却好了很多。

　　第 3 张照片中在纯黑与纯白之间，有大量中间调像素作为过渡，明暗层次过渡是很平滑的，因此细节也非常丰富和完整。正常来说，照片都应如此。

第 1 张照片层次　　　　　　　　　第 2 张照片层次　　　　　　　　　第 3 张照片层次

　　从上面 3 张照片，我们可以知道：照片应该是从暗到亮平滑过渡的，我们不能为了追求高对比度的视觉冲击力而让照片损失大量中间调的细节。

　　下图第 1 行，只有纯黑和纯白两级的明暗层次，称为 2 级明暗层次；第 2 行，除纯黑和纯白外，还有中间调进行过渡；而第 3 行，从纯黑到纯白之间有 256 级明暗层次，并且逐级变亮，明暗层次的过渡非常平滑。

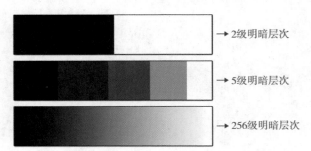

　　　　→ 2 级明暗层次

　　　　→ 5 级明暗层次

　　　　→ 256 级明暗层次

明暗层次示意图

　　前文我们介绍过直方图的概念，如果将 256 级明暗过渡色阶放到直方图下面，可以非常直观地看出直方图的横坐标对应了从纯黑到纯白的影调效果。

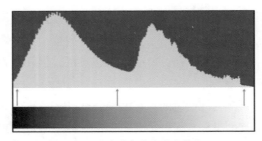

直方图与256级明暗过渡色阶的对应关系

对于一张照片来说，如果从纯黑到纯白都有足够丰富的明暗影调层次，并且过渡平滑，那么这张照片就是全影调的，直方图看起来也会比较正常。

照片从纯黑到纯白有平滑的过渡，整体的影调层次才会丰富

影调的长短分类

全影调的直方图，从纯黑到纯白都有像素分布，这种画面的影调被称为长调。从图中可以看到，左侧纯黑位置和右侧纯白位置都有像素分布，中间区域过渡平滑。

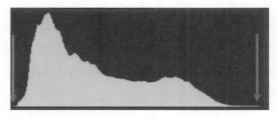

长调照片的直方图

除长调外，照片的影调还有中调和短调两种。

中调与长调最明显的区别是中调的暗部或亮部可能会缺少一些像素，或是两个部分同时缺少像素。因为缺少高光或暗部，这种照片的通透度可能会有所欠缺，但这类摄影作品给人的感觉会比较柔和，没有强烈的反差。

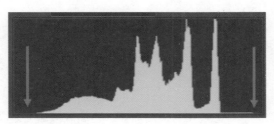

中调照片的直方图

短调通常是指直方图左右两侧的波形分布范围不足直方图框宽度的一半。整个直方图框从左到右是 0 ～ 255 共 256 级亮度，短调的波形分布不足一半，也就是不足 128 级亮度。

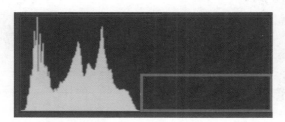

短调照片的直方图

影调的高低分类

前面介绍过两类特殊的直方图，分别为高调和低调照片对应的直方图。所谓高调与低调，是影调的另外一种分类方式，也是一种主流的分类方式。简单来说，我们将 256 级明暗分为 10 个级别，左侧 3 个级别对应的是低调区域，中间 4 个级别对应的是中间调区域，右侧 3 个级别对应的是高调区域。

直方图的波形重心在哪个区域，或者说大量像素堆积在哪个区域，对应的就是哪个影调的摄影作品。比如，直方图波形重心位于左侧 3 个级别内，那照片就是低调摄影作品；位于中间 4 个级别区域内，那照片就是中调摄影作品；位于右侧 3 个级别区域内，那照片就是高调摄影作品。

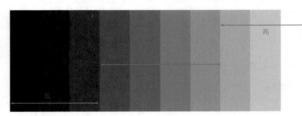

影调的低、中、高划分示意图

常见影调

1. 高长调

这张照片，其波形重心位于直方图右侧，在高调区域，是高调，像素从纯黑到纯白都有分布，是长调，所以综合起来这张照片就是高长调的摄影作品。

高长调照片

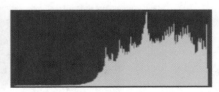

高长调照片的直方图

2. 高中调

这张照片从直方图波形重心位置来看，是非常明显的高调，而从直方图波形的宽度来看，暗部缺少一些像素，是一种中调效果，那么最终这张照片就是高中调的摄影作品。

高中调照片

高中调照片的直方图

3. 高短调

这张照片首先可以判断是高调，而根据直方图波形的宽度判断是短调，那么最终这张照片就是高短调的摄影作品。

高短调照片

高短调照片的直方图

4. 中长调

这张照片从直方图波形重心位置来看是中调，而根据直方图波形的宽度，可以判定为长调，所以这张照片就是中长调的摄影作品。

中长调照片   中长调照片的直方图

5. 中中调

这张照片，其直方图波形重心位于直方图的中间，是中调（高中低的中），根据直方图波形的宽度，可以判断是中调（长中短的中），所以这张照片就是中中调的摄影作品。

中中调照片   中中调照片的直方图

6. 中短调

这张照片，根据直方图波形重心位置判断是中调，而根据直方图波形的宽度判断是短调，所以这张照片就是中短调的摄影作品。

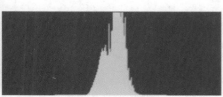

中短调照片　　　　　　　　　　　　　　　　　　中短调照片的直方图

7. 低长调

　　这张照片，首先根据直方图波形重心位置判断是低调，然后根据直方图波形的宽度判断是长调，所以这张照片就是低长调的摄影作品。

低长调照片　　　　　　　　　　　　　　　　　　低长调照片的直方图

8. 低中调

　　这张星空银河的照片，从直方图来看，波形重心位于低调区域，是一幅低调的自然风光摄影作品。如果我们再从影调长短来看，这张照片是中调，所以综合起来，这张照片就是低中调的摄影作品。

低中调照片   低中调照片的直方图

9. 低短调

这张照片就是一幅低短调的摄影作品。直方图的波形重心位于左侧,右侧没有像素分布。从照片来看,画面比较灰暗,缺乏大量的亮部像素。通常情况下,短调的摄影作品比较少见,在一些夜景微光场景拍摄中可能会出现。

低短调照片   低短调照片的直方图

总结一下,高、中、低3种影调,每一种又可以按影调长短分为3类,最终就会有低短调、低中调、低长调、中短调、中中调、中长调、高短调、高中调和高长调9类。

不同影调的摄影作品给人的感觉会有较大差别，比如：高调的摄影作品会让人感受到明媚、干净、平和；低调的摄影作品则往往充满神秘感，还可能会有大气、深沉的氛围；中调的摄影作品则往往比较柔和。

需要注意的是，低短调、中短调和高短调的摄影作品因为缺乏的影调层次实在较多，所以画面效果可能不太容易控制，使用时要谨慎一些。

10. 全长调

除 9 类常见影调之外，还有一类比较特殊的影调——全长调。这种影调的画面中，主要像素为黑和白两色，中间调区域很少，直方图波形主要分布在两侧。从这个角度来说，全长调的画面效果控制难度会非常大，稍不注意就会让人感觉不舒服。

全长调照片

全长调照片的直方图

第 3 章
光与色的艺术

光与色之间存在紧密的联系，理解光与色的关系可以更好地理解色彩的形成原理，以及在摄影、绘画和设计等领域中正确使用色彩。

3.1 光与色温

不同的光线有不同的色彩，不同色彩的光线就会导致画面有不同的效果，给人的感受也是不一样的。首先，我们要明白一个常识：可见光只占自然界中所有光线或电磁波的极小一部分，而 X 射线、伽马射线、红外线、紫外线、雷达波等都是看不见的。可见光只是自然界中光谱的很小一部分，它的光谱又分为红、橙、黄、绿、青、蓝、紫，这七色光混合在一起就变为没有颜色的光线。那么，可见光为什么会有不同的颜色呢？其实这个问题的答案也非常简单，因为光源色温不同，光色也不同，给人的感觉也不相同。举例来说，我们点燃蜡烛时，会发现蜡烛的烛光从外侧到灯芯位置是不同的色彩，温度最高的是蓝光部分，温度适中的是白光部分，温度最低的是红光部分，这是不同的温度带来的色彩变化，最终使烛光有了不同的色彩。

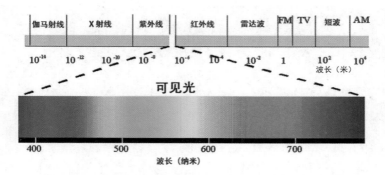

可见光与一般光谱的分布示意图

在摄影创作当中，根据不同的光的色温，我们可以对画面的色彩效果进行特定的调整。

烛光	手电筒	钨丝灯	日出日落	上午/下午	正午日光	电子闪光灯	多云天空	蓝天阴影下
1800～2000K	2500K	2800K	3000K	3500K	5500K	5500K	7000K	7500K

上图展示了不同温度的光的色彩，K（开尔文）为温度单位符号，也可以称为色彩的温度（色温）。烛光的色温是 1800～2000K，手电筒的色温是 2500K，钨丝灯的色温是 2800K，日出日落的光的色温是 3000K，蓝天阴影下的色温是 7500K。可以看到，随着光的色温的升高，画面色彩产生了由红到蓝的变化

理解了光的色温，就能够理解在不同的光线环境中拍摄的画面为什么会呈现出特定的色彩。比如，如果相机设定的色温值高于实际拍摄场景的色温，那么最终的画面会呈现一种更暖的色彩，也就是说，画面会偏红，照片会偏暖；如果拍摄现场的色温比较高，而相机设定的色温值又比较低，那么最终拍摄出来的画面就会偏蓝。只有相机设定了与实际拍摄场景基本相同的色温值，才能够准确地反映出实际拍摄场景的色彩。在了解了光的温度、色温与相机设定色温值的关系之后，我们就能够把握好各种不同场景的色彩偏移及色彩还原问题。

这张照片中的星云实际是由不同星体发射出来的一些红色光线组成的，这些红色光线与早晚的太阳光线的色彩基本相同，所以说我们在夜晚拍摄时，如果设定了3000K～4000K这个范围的色温值，那么就能够比较准确地还原星云的色彩。但是星云的色彩被准确还原之后会产生新的问题，因为设置的相机的色温值比较低，而夜晚阴影下的色温又比较高，所以最终画面整体的色彩偏蓝。上图这个场景中，我们可以非常明显地看到这种问题。当然也要注意一点，如果我们要准确反映这种星云的色彩，只靠色温值的调整是不够的，还需要借助天文改机才能够将星云的色彩非常准确地呈现出来

在日落与日出时，光线会变得非常暖。光线中红色、橙色和黄色的成分比较多。此时即便我们准确还原了实际拍摄场景的色彩，整张照片也是非常温馨、非常温暖的。当然有时候我们为了强化这种强烈的暖色调氛围，还可以设定比实际拍摄场景略高一些的色温值，比如设定5500K的色温值来拍摄实际色温为3000K～4000K的场景，那么画面的色调会更暖

这张照片同样如此，此时太阳与地面的夹角还比较大，太阳光线还比较强烈，色彩感并不是很强，但因为我们使用了 5500K 左右的日光色温值进行拍摄，强化了暖色调的氛围，所以画面是非常暖的

在人文摄影中，也经常会遇到照片中这种暖色调的情况，夕阳西下，色温较低，画面呈现出通红的暖色调，美感十足，烘托了夕照归途的氛围

清晨、傍晚时分的色温都比较低，一般在 3000K 左右，画面中所呈现的暖色调让人感觉温暖、舒适

到了中午前后，色温急剧升高，实际拍摄场景的色温已经到了 5000K 以上，那么我们设定 5000K 左右的色温值进行拍摄，就能够准确还原实际拍摄场景的色彩。当然，此时画面中场景的色彩就比较平淡了，画面的表现力要差一些

这张照片同样是正午时分拍摄，色温较高，呈现冷色调

这张照片中是一个晨雾弥漫的场景。真实的色温应该在 7000K 以上，最终准确还原色彩之后，我们可以看到画面是蓝色的，因为蓝色的色温基本在 7000K 以上

3.2 日出日落时的照片色彩

　　在拍摄日出或日落的场景时，如果是拍摄局部或特写，那么我们可以对画面当中的暖色调进行强化处理，这样可以凸显日出或日落时的暖色调氛围。当然，强化暖色调只是大部分场景的一种处理方式，有一些比较特殊的情况还应该根据自身的特点进行具体的后续处理。

对于这种日出时局部的景物，我们强化了暖色调效果，最终让画面呈现出非常迷人和梦幻的色彩

　　在日出之前或日落之后的蓝调时刻，我们可以对画面的冷色调进行强化。如果蓝调效果不够强烈，那画面就会显得非常平淡。只有对冷色调进行强化，让画面更具氛围感，画面的表现力才会更好。

像这张照片，拍摄时天色刚暗，蓝调效果并不是特别强烈，我们就可以稍稍降低色温值，最终得到这种冷色调的效果

拍摄这张照片时，天色已经完全暗下来，我们为了突出画面的冷暖对比，进一步强化了冷色调，让画面整体偏蓝，从而与水面附近走廊上的灯光形成一种强烈的对比和反差

065

高光暖

摄影的后期创作很多时候是为了遵循自然规律，还原拍摄场景的一些状态。根据我们的认知，太阳光线或者一些明显的光源发射的光线大部分是暖色调的，尤其是太阳光线。可能我们会觉得太阳光线在中午是白色的，但其实它是有一些偏黄、偏暖的。在摄影作品中，对受光线照射的高光部分进行适当的暖色调强化，是符合自然规律的；相反，如果将照片中受光线照射的高光部分向偏冷的方向调整，那么这是违反自然规律的，画面往往会给人非常别扭、不真实、不自然的感觉。

整体来看，在摄影用光中，对于高光部分，我们应该将其向偏暖的方向调整，这样最终的照片会更加自然。

这张照片表现的是日落之后的场景，整个天空已经呈现出了偏冷的色调，包括地景也是一种蓝调效果，但实际上天空靠近地景的区域依然有太阳余晖的照射，属于高光区域，这个区域本身是有一些偏暖的，所以我们后续对这种暖色调进行强化，最终就得到这种冷暖对比鲜明的效果

这张照片拍摄的是长城的晚霞，晚霞发射出的光线表现在画面中应该是暖色调的，那么我们后期应该对这种暖色调进行强化，这样照片看起来会更加真实自然

暗部冷

与高光暖相对的是暗部冷。我们都有这样的经历，在夏天感觉炎热时，找一处树荫乘凉，立刻会觉得凉爽了一些，这是因为受光线照射的区域是一种暖色调的氛围，而背光的区域是一种阴冷、凉爽的氛围，其表现在画面中也是如此。高光部分可以调为暖色调，暗部则可以调为冷色调，这样就符合自然规律与人眼的视觉规律，会让画面显得非常自然。

其实我们还可以从另外一个角度进行解释。通常情况下，根据色温的变化规律，色温低的光偏黄，色温高的光偏蓝，那么受光线照射的区域处于色温较低的暖色调区域，而背光的区域的色温往往会高达 6500K 以上，因此它呈现出的是一种冷色调的氛围。

受太阳光线照射的部分呈暖色调，我们将背光的一些区域调为冷色调，那么画面整体给人的感觉会更自然

这张照片暗部的冷色调非常明显

这张照片的高光部分呈暖色调，暗部虽然不是冷色调的，但是更加接近中性色调，画面的色彩层次比较丰富。如果将这张照片中的暗部也处理为暖色调，那么画面整体可能会非常浓郁，但色彩层次就会有所欠缺，画面给人的感觉就不会那么自然

高光色感强

关于用光的另外一个技巧是，高光色感强，暗部色感弱。

首先来看高光色感。我们拍摄自然风光题材时，通常会有这样一个常识，那就是画面的反差更大、饱和度更高。如果我们在后期处理时提高画面整体的饱和度，那么画面并不会让人感觉特别舒服，反而会让人感觉油腻，但实际上画面整体的饱和度并不是很高。出现这种情况的原因非常简单，我们在提高饱和度时没有分区域。正确的做法是对高光部分进行饱和度的提高，对阴影部分可以适当降低饱和度，那么画面最终给人的感觉就会比较自然，并且画面的色彩会比较浓郁。

看这张照片，其实画面整体的饱和度并不高，但画面依然给人非常浓郁的感觉，并且比较自然。观察它的色彩，我们就会发现太阳光线照射的区域整体提高了饱和度，但是一些背光的区域大幅度降低了饱和度，这样画面整体就会给人色彩非常浓郁的感觉，但并不会给人油腻的感觉

暗部色感弱

照片的暗部如果饱和度比较高，就会给人过于饱和的感觉，照片整体显得比较腻，看起来不够自然。所以通常情况下，在后期处理照片时，对于冷色调的暗部可以直接降低饱和度，或者先对暗部建立选区，再进行饱和度的降低。

这张照片与之前的照片非常相似，同样是太阳光线照射的霞云部分饱和度非常高，但真正决定这张照片色彩艳而不腻的因素则是暗部一些背光的区域大幅度降低了饱和度，这最终让画面整体显得色彩层次丰富、自然

第 4 章
不同光线下的拍摄与迷人的光影效果

本章将介绍一天当中不同时间段的光线特点与拍摄技巧，以及一些特殊的光影效果。

4.1　一天中不同时间段的光线特点与拍摄技巧

蓝调时刻

一天中的日出和日落时分是非常适合拍摄的"黄金时刻"，然而或许很少有人知道，蓝调时刻（Blue Moment）也是摄影师喜爱的拍摄时间。抓住这个时刻，具有神秘而忧郁氛围的精彩大片就离你不远了。

蓝调时刻一般是指日出前几十分钟和日落后几十分钟，此时太阳位于地平线之下，天空呈现深蓝色调，随着太阳越来越低，蓝色调越来越深，此时十分适合自然风光和城市题材的拍摄。

日落后十几分钟，蓝调时刻的城市
画面中呈现出冷暖对比鲜明的效果，
色调非常迷人

想要拍出蓝调的天空，可以在天渐渐变黑，但又没有完全黑的时候，带上三脚架，使用慢门拍摄。

在这张照片中，我们可以看到这样几个明显的特点，天空呈比较深邃的蓝色且有明显的蓝调特征，而没有光线照射的一些区域仍然呈现出了一定的细节，被灯光照亮的部分也不会因为反差过大而产生高光溢出的问题

黄金时间

在自然风光摄影中，黄金时间是指日落之前的 30 分钟到日落之后的 30 分钟。那么在这个时间段当中，正如我们之前所介绍的，太阳光线强度较低，摄影师比较容易控制画面的光比，高光与暗部可以呈现出足够多的细节。另外，这个时间段的光线色彩感比较强烈，能够为画面渲染出比较浓郁的暖色调或是冷色调。这样拍出的照片，无论是色彩、影调，还是细节都比较理想，所以这个时间段是进行自然风光摄影创作的黄金时间。

秋季的坝上，即便已是下午4点多，太阳光线也有充分的暖意，画面温馨感十足

夕阳西下，人们在篮球场上运动的场景

可以看到，画面整体的光比已经到了相机能够承受的最大限度，最终画面表现出了足够丰富的细节

日落之后，余晖在整个天空中铺满了迷人的晚霞

上午与下午的拍摄

在上午与下午一些特定的时间段，太阳光线逐渐变强。光线变强之后，我们对画面光比的控制变得比较困难。拍摄画面的高光部分容易溢出，暗部容易曝光不足。因为相机的宽容度是有限的，所以很多时候在上午与下午，自然风光摄影爱好者就不再进行拍摄了。但实际上在一些特定情况下，比如一些景区只允许我们在正常的工作时间内进行相关拍摄，那这时我们就只能根据现场的一些景物分布及光线特点来拍摄。当然，在上午与下午拍摄时，我们还是应该尽量选择太阳与地面夹角较小的时间段进行拍摄，因为夹角越大，表示光线强度越高，拍摄的画面效果会越差。

这张照片拍摄的是雪后黄山的场景，冬季的太阳光线实际上不是特别强烈，我们可以看到画面仍然呈现出了足够多的细节。缺点是画面的整体色彩感有所欠缺

这张照片表现的是上午的阳光正面照射建筑物的场景，色彩通透，缺点是缺乏层次和质感

正午适合拍什么照片

　　正午是最不适合进行摄影创作的时间段。但光线条件不适合进行摄影创作并不代表我们不能拍摄，实际上，在正午我们可以借助近乎顶光的照射，拍摄身边一些局部小景，从而让这些小景呈现出强烈的质感。

　　这个场景中，因为正午的光线过于强烈，导致画面缺乏色彩感，所以我们就根据场景选取了这个在顶光下能够呈现出较长阴影的房子的局部进行表现，让画面层次变得更加丰富。针对色彩感比较弱的问题，我们将照片变成了黑白色，避免了色彩的干扰，最终让画面表现出了一种强烈的质感

一定要避免在正午拍摄合影

夜晚无光的场景

夜晚拍摄的场景会有两种，这里介绍第一种，即纯粹的夜晚无光的场景。没有月光的照射，任何拍摄场景都非常暗淡，特别是在郊外或者山区。在这种场景中，适合拍摄的题材主要是天体及星轨。近年来比较流行的夜晚无光场景中的拍摄题材主要是银河。

拍摄银河往往需要我们对相机进行一些特殊的设定，并且对相机自身的性能也有一定要求，如高感光度（ISO 3000 以上），一般曝光时间不宜超过 30 秒，大多使用广角、大光圈的定焦或变焦镜头，这样能够将银河的纹理拍摄得比较清晰，并且让地景有一定的光感，使画面呈现出足够多的细节。这种将夜晚的银河拍摄清楚的照片能够让欣赏者感受到星空之美。当然要想表现夜空中的银河，距离城市过近是不行的，需要在光污染比较少的山区或远郊区进行拍摄。另外还需要在适合拍摄银河的季节进行拍摄。北半球主要在每年的 2 月到 8 月，虽然在 9 月到来年的 1 月这段时间也可以拍摄银河，但却无法拍到银河最美妙的部分，因为这段时间内的这部分银河在地平线以下。只有在 2 月到 8 月这段时间，银河最美妙的部分才在地平线以上，所以这段时间更适合拍摄银河。

在夜晚无光的场景中可以拍到璀璨的银河。当然，这种明显的银心区域要在每年 3 月到 7 月这段时间才能拍到

月光下的星空

夜晚拍摄的第二种场景是有月光照射的场境，这时就没有办法拍到清晰的银河了，因为本身银河的亮度并不高，在月光的照射之下就更无法表现出来。有月光时拍摄星轨是比较理想的，因为有月光的场境中，我们拍到的天空往往是比较纯粹的蓝色，整体显得干净深邃。并且很多暗星因被月光照射而不可见，最终拍到的照片中，地景明亮，天空深邃幽蓝，而星体的疏密也比较合理，整体画面就会有比较好的效果。

这张照片中，地面景物因为月光的照射呈现出了丰富的层次和较多的细节，而天空是比较深邃的蓝色，星体疏密也比较合理，画面整体效果就比较理想

4.2 迷人的光影

下面介绍摄影实拍中有关用光的一些特殊技巧，包括如何拍到丁达尔光、如何拍出光雾效果等。这些特殊的光影效果呈现在照片中可以为画面增添一些比较特殊的亮点和视觉中心，提升画面的表现力。

维纳斯带

晴朗的天气条件下，太阳落山之后或是日出之前，天空中，特别是太阳落下或升起位置的附近可能会出现一道橙色或其他暖色调的光带，称为"维纳斯带"。实际上这个名称来源于西方神话故事，据说女神维纳斯有一条具有魔力的腰带，"维纳斯带"就是以此进行命名的。

"维纳斯带"最接近地平线的地方稍暗，呈现偏冷的淡蓝色，是地球的影子；其上方有金黄色与粉红色的过渡带，这是光线被空气中细小颗粒散射后映出的美妙色彩；再往上则是冷色调的天空。

太阳升起之前，天边如果没有乌云，会出现"维纳斯带"。

这张照片是在城市高楼的楼顶拍摄的，远处出现了明显的、非常漂亮的暖色调"维纳斯带"，"维纳斯带"上方是深蓝色的天空。因为天没有彻底黑下来，地景的一些暗部呈现出了足够多的细节，所以画面整体的细节比较丰富。画面的影调和色彩层次也比较理想，因为远处天空中出现了明暗和色彩的过渡，而明暗和色彩的过渡正是"维纳斯带"形成的主要因素。

星空与"维纳斯带"交相辉映

　　"维纳斯带"与太阳跃出地平线之前产生的霞光比较相近，"维纳斯带"出现一段时间，可能是短短的几分钟或十几分钟之后，霞光会逐渐变得明显。

　　实际上，整个"维纳斯带"出现的时间段可以称为蓝调时刻。蓝调时刻一般是指日出前几十分钟或日落之后的几十分钟，此时的太阳位于地平线之下，天空呈现出纯粹的深蓝色。地面即便是最暗的部分也没有完全黑掉，整体画面呈现出深邃、冷静的氛围。在这种环境中，比较适合拍摄城市风光，因为城市中的灯光以亮暖色调为主，与深蓝幽邃的环境会形成一种冷暖的对比，并且蓝色与亮暖色调的灯光往往会形成互补的关系。这种色彩的对比非常强烈，具有较强的视觉冲击力，能够一下子吸引欣赏者的注意力。

这张照片拍摄的是"维纳斯带"过后、霞光出现之前的画面。两者相融处的天空的色带就比较明显。当然，这本质上还是一种由"维纳斯带"构成的画面效果

079

局部光

　　自然界中还有一些非常特殊的光线，像是阴雨天太阳偶尔从乌云的缝隙中投射出来后形成的局部光或丁达尔光，以及形成强烈对比的其他一些光线。如果能捕捉到这些光线，也会让画面变得比较独特。下面我们将介绍这些比较特殊的光线。

这张照片是在局部光下拍摄的，这种局部光在多云的天气里比较常见。当然这种局部光并不是我们看到之后就可以盲目地直接拍摄，而是需要等待和选取拍摄时机。这张照片是我们等待局部光照射到近处的建筑及远处的山体时拍摄的，此时被光线照射到的建筑与远处的山体形成了一种远近的对比和呼应

这张照片表现的是夕阳
西下的局部光，把建筑
的立体感表现出来了

丁达尔光

丁达尔光，也称"耶稣光"，它是光线透过比较厚重的遮挡物之后形成的投射路径。如果光源比较强烈，而光源前方又有比较厚重的遮挡物，光线穿过遮挡物比较薄弱的部分时就容易形成这种丁达尔光。常见的场景是早晨光线穿过茂密的树林，或是太阳光线穿过浓厚的云层，二者都容易形成丁达尔光。另外如果空气中水汽比较重，或是有一定的灰尘时，丁达尔光会更明显。

这原本是一个非
常简单的草原场
景，画面没有太
好的表现力，但
由于天空中太阳
光线穿过浓厚的云
层产生了明显的丁
达尔光，最终画面
整体的表现力就
变得非常好了

透光

透光是强烈的光线透过一些比较薄的遮挡物，在遮挡物上产生光线透视的现象。这种透视现象会让遮挡物表面的一些纹理和质感显示得非常清晰和强烈。常见的场景有我们将相机放到地面仰拍花朵，或者在树的阴影中逆光拍摄树叶，等等。

这张照片是我们逆光拍摄的，最终得到了这种透光的效果。可以看到花瓣的质感非常强烈，它的纹理和脉络也非常清晰，有一种晶莹剔透的感觉

眼神光怎样拍

人像摄影当中，人物的面部是表现的重点，在人物的面部中，眼睛的表现力更加重要。眼睛是心灵的窗户，眼睛的表现力充足，那么画面整体会更吸引人。如果眼睛的表现力不足，那么最终成像时，无论人物五官如何精致、身材如何苗条修长，画面整体都会给人一种没有活力的感觉。

对于眼睛的刻画，眼神光是至关重要的一点。眼神光是指外界的光源在瞳孔中的倒影。拍摄人物时，只有人物的眼睛中出现了眼神光，眼睛的表现力才会好。只要在拍摄时让人物的正前方有明显的点光源或其他的光源，那么在拍摄出的照片中，人物的眼睛中就会有眼神光。

这张照片是在密闭的室内拍摄的。让光源分布于人物前方，那么最终拍摄时可以看到人物的眼睛中倒映出点点灯光，也就是明显的眼神光，这样画面就鲜活了起来

剪影

剪影是指逆光或侧逆光拍摄时，根据画面的曝光情况，以高反差场景的高光部位为曝光依据，那么相机会认为整个场景比较明亮，因此会降低曝光值，这就会导致地面的一些背光的景物曝光不足而产生剪影效果。

通常情况下，绝大多数大光比、高反差场景都可以拍摄剪影效果，前提是要逆光或侧逆光拍摄，然后适当降低曝光值。对于剪影效果的画面来说，地景中的景物轮廓不能太过复杂，并且地景景物的正面不能是表现的重点。在拍摄山景、树木、人物时可以采用剪影的方式。尤其在表现人物时，剪影可以用于突出人物的身体线条。

这张照片借助剪影表现出了山体的轮廓以及山脊四周的丁达尔光效果

光雾

光雾是逆光或侧逆光拍摄人物时的一种特殊光效，是一种眩光，但是这种眩光效果比较均匀，不会产生强烈的光斑，因此画面会有梦幻般的美感。

实际拍摄时，需要逆光或侧逆光拍摄，不带遮光罩，这样容易拍出光雾效果。当然，在拍摄时还要调整取景角度，避免产生强烈的光斑。通常情况下，开大光圈可以有效抑制光斑的产生。光雾的梦幻效果与逆光拍摄一般人像时，人物四周出现发际光有异曲同工之妙。

在前期拍摄时，光雾效果可以通过在镜头前加装一些塑料膜或比较薄的纱布等来实现，后期则可通过在 Photoshop 中添加滤镜来实现。

这张照片就是通过调整取景角度，在画面中出现光雾效果时完成拍摄的

特殊的光照时刻

某些特殊场景当中，可能因为景物遮挡，会形成一些非常奇妙的光线效果，让画面具有非常丰富的形式美感和内容层次。

遇到一束美丽的光时，应降低曝光值，使得画面中的光比增大，明暗对比增大，突出光影效果

"茕茕孑立，形影相吊"

拍摄这种类似于奇妙的光时，要注意以下几个问题。

（1）使用手动曝光模式。在手动模式下，摄影师能够按照自己的意图选择曝光值，而不是使用光圈优先模式由相机选择曝光值。相机自动曝光往往会比手动曝光多出一些曝光量，导致曝光过度的问题。

（2）使用点测光对偏亮处测光。点测光会压暗背景，让光束凸显出来，可以更加准确地把明暗部分清晰地区分开来。

（3）寻找良好的拍摄角度。选择良好的拍摄角度，目的是正确使用光线。一般使用侧逆光或者侧光，也可使用逆光，但较难把握。较少使用顺光，因为顺光中的物体亮成一片，缺少明暗对比。

（4）充分利用树叶缝隙、树木间隙等场景。在这些场景里面，会更加容易拍出光束效果。

（5）可以人为地对拍摄主体进行补光。比如反光板往往会起到良好的补光效果。

（6）使用 RAW 格式拍摄，最大限度地保留细节。

第 5 章
特殊的用光技巧

本章内容主要分三部分：一是介绍如何灵活运用相机，拍摄一些比较特殊的光影效果；二是介绍如何借助特殊的控光道具，提升画面的表现力；三是介绍如何借助光学滤镜来控制光效。

5.1 用好相机，拍出迷人的光效

光线强度与快门速度的关系

大家都说自然风光应该在黄金时间拍摄，即日落之前的 30 分钟到日落之后的 30 分钟之内拍摄。因为这个时间段太阳光线与地面的夹角非常小，这有利于景物拉出很长的影子，丰富影调层次。另外，此时光线的强度比较低，画面会显得比较柔和，有利于暗部呈现出更多的层次和细节。究其本质，我们可以这样认为，光线的强度决定了我们拍摄的时机，在上午、下午或是正午光线非常强的时候拍摄，画面就显得不够柔和，艺术表现力会变差。但实际上，如果我们能够在强光下放慢快门速度，也可以让画面柔化，拍出更具艺术魅力的摄影作品。

拍摄这张照片时，太阳与地面的夹角已经比较大，光线强度也比较高。照片中虽然有漂亮的云海，但是云海局部区域受光线照射的部分亮度非常高，而背光部分亮度又比较低，这种局部的大光比就会让画面显得杂乱和生硬

如果我们放慢快门速度，可以看到一些背光部分变得更加柔和，画面最终的效果漂亮、梦幻

再来看另外一个案例。这个案例比较特殊，也没有那么容易理解。拍摄这张照片时，光线强度依然非常高，此时光线只是略微变暖，但拍摄时我们借助减光镜减慢了快门速度，最终拍到了比较柔和的画面效果。这种在强光下让光线变柔和的方法主要就是快门速度变慢，也就是借助慢门

如果快门速度非常快，那么景物的影子边缘也会非常清晰、生硬；但如果快门速度较慢，在曝光过程中，阴影区域会有一个逐渐的变化过程。

对这张照片进行局部裁剪之后，可以看到山体的影子边缘是有一些柔化效果的。在整个场景当中，一些非常细小的树木、岩石的影子也被柔化，画面整体就显得非常柔和

拍出漂亮的星芒效果

星芒效果是拍摄场景中的点光源呈现出的光芒四射的效果。星芒来源于强光在镜头的光圈叶片之间发生的衍射。由此可知，光圈叶片的数量会对星芒的数量产生较大影响。根据常识我们可以知道，光圈叶片的一个缝隙会产生一条星芒，那么最终光圈叶片数量有多少，照片中星芒的数量就是多少。但因为偶数片光圈叶片的星芒会发生重合，所以光圈叶片数量并不能作为星芒数量的唯一评判标准。正常情况下我们可以这样认为，星芒数量与光圈叶片数量相等，或是光圈叶片数量的一半。

除此之外，拍出星芒效果要满足以下几个必要条件。

（1）光源足够明亮而四周亮度偏低，或者光源与环境的反差比较大，这样容易凸显星芒效果。

（2）光圈不宜过大。光圈过大时，光源在照片中容易呈现为光斑，颜色不太明显。而小光圈下光源容易变为非常小的点，成为点光源。

（3）曝光时间要长一些，长时间的曝光容易让衍射变强，那么星芒效果会更明显。

另外，广角镜头会让整个场景显得比较远，那么光源的成像也会比较小，会变为明显的点光源，因此广角镜头更容易拍出星芒效果。但如果是长焦镜头，它会将远处的场景拉近，那么光线容易发生较强的散射，并且光源也比较大，这会导致照片中产生光斑。所以说，通常广角镜头拍摄的星芒效果要好一些，长焦镜头拍摄的星芒效果要差一些。

这张照片是超广角镜头拍摄的，画面右上方以及中间下方都有明显的点光源。点光源产生了强烈的星芒效果，非常漂亮

这张照片也是用超广角镜头拍摄的，画面右上方的太阳用小光圈拍出了星芒效果，搭配蓝天、绿叶和红花，很美

这张照片是使用长焦镜头拍摄的，远处的路灯被拉近之后形成了一个个光斑，星芒效果就不那么明显

这张照片是用无人机拍摄的，用的是小光圈，但距离较远，星芒效果不明显

光线拉丝效果

所谓光线拉丝效果，是摄影创作中最常见的一种光效。利用慢门拍摄运动的光线，就可以得到光线拉丝效果，这与用慢门拍摄流水等的原理是一样的。

在类似城市夜晚这种场景当中，放慢快门速度，这样单位时间内相机的曝光量就会非常低，车辆的车身等部位亮度比较低，就无法在感光元件上成像，但是车灯等高亮部位亮度比较高，就可以不断地在感光元件上显影。在长时间曝光的过程中，车辆是不断移动的，所以车灯的显影就会呈现为线条的形状。

拍摄城市夜景时，使用慢门拍摄可以得到街道上大量车流的车轨效果，画面非常梦幻漂亮

摄影：詹婧婧　拍摄城市夜景下的车流，在没有天空作为参照物时，这又是另一种画面效果

特殊的控光道具

表现手机与手电筒等点光源

　　无论是城市风光还是自然界中的弱光摄影，使用手机作为点光源可以丰富画面的内容层次及影调层次，形成一些明显的视觉兴趣点。一般来说，手机点光源所在的位置就是主体人物所在的位置。手机点光源可以对人物形成一定的强化。

手机内置的手电筒光线强度非常高，但是照射面积非常小，如果使用较大的光圈进行拍摄，也能够拍摄出一定的星芒效果。所以在星空摄影中，人物举起手机打开手电筒，就仿佛从天空中摘下了一颗星星。这种画面是非常有意思的。并且这样拍摄让地景有了落脚点，这些落脚点使得画面的秩序感很强，并且整体显得紧凑、协调

手电筒的应用范围相对较小，其主要应用在星空摄影当中。在星空摄影中使用手电筒对手电筒本身的要求也比较高，要求手电筒的聚光性要好。如果聚光性不够理想，光线发散过快，拍摄的画面就会是一片白茫茫的痕迹，显示不出手电筒照射的光线

利用钢丝棉拍摄的技巧

钢丝棉是一种可以燃烧的压缩物，其中混入了一些金属丝，遇到高温时，这些金属丝会发热、发光，甩动起来之后，金属丝的运动轨迹会产生漂亮的光绘效果。一般来说，拍摄时除了提前准备 S 卷钢丝棉，为了避免烧伤，我们往往要多准备一些防护道具，例如甩动用的铁链和棉手套、夹子、护目镜等。另外还可以准备一件不再穿的旧衣服，在甩动前穿上这件衣服，可以避免自己日常穿的衣服被烧出窟窿。

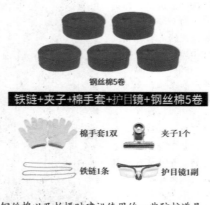

钢丝棉以及拍摄时建议使用的一些防护道具

具体的拍摄其实非常简单，只要在天色没有完全黑下来时选择一个开阔的场地，点燃钢丝棉后进行甩动就可以了。甩出的火花划过的距离就是钢丝棉运动轨迹的长度，甩动的幅度越大，运动轨迹越长。目前来看，钢丝棉是近年来最先普及的一种创意光绘工具，并且它的玩法也比较简单，没有太多技术含量。当然，钢丝棉最终的表现力也谈不上太理想，毕竟这只是一个简单的甩动效果而已

用马灯提升画面表现力

　　马灯在网上就可以购买，价格也不高。在野外拍摄弱光场景时，借助马灯可以对前景进行补光。另外，还可以在树木、岩石、洞穴等地点放置马灯，产生一定的照明效果。冷色调的夜景与暖色调的马灯会形成一种冷暖的对比，并且马灯会形成一个视觉中心，让欣赏者有一个视觉落脚点，为画面增加影调和色彩层次，画面的表现力会变得更好。

一种常见的马灯

人物手提马灯，让在夜晚降临时拍摄的画面产生了强烈的明暗和冷暖对比

用帐篷提升画面表现力

在室外拍摄夜景或星空时，用帐篷作为地景是非常好的选择，首选暖色调的帐篷，一般以橙色、红色居多。在这种帐篷之内放一盏马灯，从远处拍摄时，帐篷就会作为地面的视觉中心出现在画面中，可以避免画面变得单调或者拍摄效果不够理想。这里需要注意的是，内置马灯的帐篷作为光源出现时，马灯需要进行一定的遮挡，比如用柔光布或纸巾等遮挡外侧。如果不进行遮挡，从远处拍摄时，帐篷可能会产生亮度非常高的光斑，长时间曝光之后会局部曝光过度。而在拍摄时，我们不可能随时控制帐篷内灯光的明暗，不可能只让帐篷里的灯光持续三五秒钟（能够遥控的灯光除外），所以大多数情况下，正确的拍摄方式是提前将帐篷内的灯光亮度降低，这样即便拍摄时间超过 30 秒，也可以确保帐篷不会曝光过度。

这张照片呈现的是非常简单的一个画面，原本地景的表现力是有所欠缺的，但因为出现的人物和帐篷形成了一个明显的视觉中心，画面整体的内容层次就变得更加丰富，画面也更加耐看

专业级光绘棒的用法

这里要介绍的专业级光绘棒与大家理解的光绘棒有所不同，我们介绍的这种专业级光绘棒可以绘制出图案，而非简单的带有手柄的LED 灯。具体来说，专业级光绘棒的手柄上有一些按键和一个液晶屏，我们通过按键可以选择要绘制的图案，并且能够在与专业级光绘棒相连的手机 App 中进行直接观察。具体操作是选好编号之后，在专业级光绘棒上根据编号选择图案，这样可以从手机 App 上选择我们想要的图案，再在专业级光绘棒上进行操作。

专业级光绘棒

具体操作时，让专业级光绘棒面向相机拍摄的方向，然后在几秒钟内由上到下或由下到上画出一定的痕迹，就可以绘制出一些特定的图案。比较有意思的

是，用不同的绘制速度及高度可以绘制出大小不同的图案，如果我们进行持续的连拍，就可以用同一个专业级光绘棒绘制出大小、方向、动作等全部相同的很多图案，最后采用最大值堆栈将这些较亮的图案堆栈在一张照片里，并且毫无合成的痕迹。

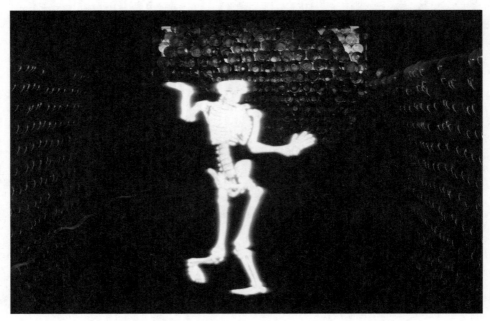

这张照片是在一个工厂废墟里拍摄的光绘照片

由于专业级光绘棒的性能比较出众，功能也比较多，所以价格稍高，通常在百元以上。要注意的是，这种专业级光绘棒如果使用不当，可能会出现按键失灵等问题。

这张照片展示的是使用同样的专业级光绘棒绘制出的其他图案

这张照片是利用专业级光绘棒拍摄的。模特手拿专业级光绘棒挥舞后定格，后期处理时加强画面中的冷暖对比，增强氛围感

5.3　借助光学滤镜控制光效

偏振镜与光线方向的关系

拍摄自然风光题材时，借助偏振镜（也称偏光镜）可以提升画面的表现力，得到更好的画面效果。这是因为我们拍摄的自然风光中存在大量杂乱的反射光线，这些杂乱的反射光线会让整个场景显得雾蒙蒙的，会降低画面的饱和度，并且让画面显得不够通透。但是偏振镜加装在镜头前之后，只允许特定方向的光线进入相机，这就消除了场景当中杂乱的反射光线的干扰，最终让拍摄的画面更加通透、饱和度更高。

从上图中我们可以看到偏振镜是一种上下双层的结构，旋转上层可以改变栅格的方向，调整进入镜头的光线的方向。通常情况下，在侧光或斜射光环境当中使用偏振镜的效果较明显，在逆光和顺光环境当中使用偏振镜的效果不够明显

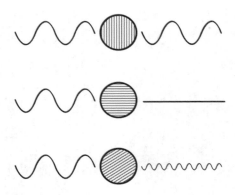

从上图中可以看到，改变栅格方向会对光线起到一定的限制作用，即只允许某个方向的光线透过，一些杂乱的反射光线就会被阻挡

这张照片中因为大量反射光线的存在，天空发白发灰，而地面景物同样如此

通过使用偏振镜，我们可以看到天空变得更蓝，地景树木的颜色饱和度也会变高

巴德膜在摄影中的用途

　　某些特殊时候，我们可能需要拍摄光线非常强烈的太阳，如日食等特殊的天象等。但太阳亮度非常高，如果用相机直接拍摄，镜头透镜的聚光作用可能会让汇聚的太阳光线烧坏感光元件。所以通常情况下要拍摄光线比较强烈的太阳时，往往要在镜头前加装减光镜，从而降低光线强度。但如果太阳光线过强，即便我们使用了高倍数的减光镜仍然无法有效地降低太阳光线强度，无法拍出清晰的太阳轮廓，这时就可以使用一种特制的巴德膜，这种巴德膜可以更大幅度降低太阳光线的强度。

　　在正午拍摄太阳等强烈光源时，使用巴德膜可以收到很好的效果，并且非常有利的一点是巴德膜的价格非常低。但是巴德膜的缺点也非常明显，即它只能在拍摄太阳这种强烈光源时使用，在拍摄一些普通场景时是无法使用的，所以它不如减光镜的使用范围广。

巴德膜

借助巴德膜拍摄的日食

渐变镜与光比的关系

渐变镜可用于调和拍摄场景当中的光比，让画面得到更均匀、更理想的曝光。渐变镜一般分为两部分，镜片的一半有可降低透光率的涂层，另一半没有。这样在拍摄明亮天空和较暗的地景时，我们可以用透光率低的一半对着天空，透光率高的一半对着地面，就能调和光比，让拍摄的画面曝光更均匀，各部分细节都足够完整。

渐变镜实物图

这一个场景如果在没有渐变镜调和的条件下直接拍摄，那么天空与地面的曝光无法同时得到理想效果。如果天空曝光准确，地面就会出现大片比较明显的阴影，甚至有些部分会彻底黑掉。而如果让地面曝光准确，那么天空就会出现高光溢出的问题

通过使用渐变镜，用有暗涂层的部分遮住光线较强的天空，透光性好且没有涂层的部分对着地面，这样就相当于调和了场景光比，再拍摄时就可以让画面整体得到比较理想的曝光

拍星空为什么要使用柔光镜

　　星空照片与眼睛直接看到的场景差别是比较大的。曝光合理、对焦准确的无月星空照片中，星星会非常密集，如果要表现银河等纹理比较清晰的对象，过于密集的星星会干扰银河的表现力。通常在拍摄这种题材时，后期一定要进行缩星处理，也就是弱化单独的星星以强化银河纹理。而事实上，对于星星过于密集的问题，前期拍摄时可以使用柔光镜来解决。拍摄之前在镜头前加装柔光镜，那么许多比较小的星星会被柔化，比较大的星星也会变得比较柔和，整体的亮度会变得更加均匀，这样有利于凸显银河的一些结构和纹理，并且星云也会更加明显。所以说，柔光镜在星空摄影当中也是比较常用的一种滤镜。

这张照片中的星空便是使用柔光镜直接拍摄的。可以看到，柔光镜使天空中许多小的星星被柔化，颗粒感降低，天空显得更干净，银河的色彩和纹理更明显，整个画面有梦幻般的美感

红外截止滤镜及其拍摄的画面特点

当前的数码相机为了正常还原拍摄场景的色彩，都需要在感光元件前面加一片滤镜，用于滤除红外线，该装置称为红外截止滤镜（IR cut）。如果没有这片滤镜，那么日常拍摄的照片都会偏红，呈现出一种白平衡不准的画面色彩效果。

天空中许多星云、星系发出的光线波长都集中在 630 ~ 680nm，光线本身就是偏红的。但在星空摄影领域，红外截止滤镜的存在会使得这些波段的透光率低于 30%，甚至更低，这就会导致拍摄的照片中星云、星系的色彩效果无法很好地呈现出来。这也是我们用普通相机拍摄星空，照片里面很少有红色的原因。

为了更好地呈现星云、星系等的色彩效果，星空摄影爱好者就会对相机进行改造，称为改机。其主要是将机身感光元件前的红外截止滤镜移除，更换为 BCF 滤镜。

改造之后的感光元件可对 650 ~ 690nm 波段的近红外线感光，让发射星云等呈现出原本的色彩。

改机之后拍摄的原始照片整体是偏红的

这张照片显示的是加装了 BCF 滤镜之后的感光元件组件

对画面进行白平衡的校正，最终可以看到整个星空大体被校正为比较准确的色彩，但是比较强烈的红色星云部分被保留下来。这张照片表现的是猎户座的巴纳德环星云以及周边的一些小的星云

去光害滤镜的用途

随着社会的不断发展，城市化水平不断提高，光污染范围急剧扩大。现在拍摄广域星空，寻找地面光源较弱的拍摄地点已经相对较难。地面光源强烈，对于星空摄影来说是一场灾难，因为它会照亮夜空，让天空的银河等拍摄对象变得暗淡。这种来自地面的强烈光线被称为光污染，也称为光害。去光害滤镜就是为

了滤除光害而设计的，在进行星空摄影时，它的作用是抑制背景光来突出目标天体。

去光害滤镜主要为两类，一类是在城市重度光害环境下使用的 UHC，另一类是在市郊轻度光害环境下使用的 L-Pro。如果从用途来分，UHC 适合拍摄发射红色光线的天体及星云等，L-Pro 则适合拍摄全光谱的反射星云、星系、银河等。

去光害滤镜

圆形滤镜与方形滤镜的区别

圆形滤镜使用比较方便，直接旋转到镜头前端即可。方形滤镜则要通过滤镜支架卡在镜头上，这样操作起来不是很方便，但可以方便我们随时增加或减少方形滤镜数量。方形滤镜镜片比较大，轻易不会让照片出现光斑等。圆形滤镜虽然比较轻便，使用也足够方便，但如果质量欠佳或是调整角度不理想，容易使照片边缘出现一些眩光。

方形滤镜

第 6 章
自然风光摄影的用光技巧

在摄影中，自然风光摄影是捕捉自然风景的艺术。光线在自然风光摄影中起着至关重要的作用，它可以改变照片的氛围、凸显细节和创造各种不同的效果。

不同的光线和场景都会产生不同的效果，通过不断尝试和观察，我们能够更好地理解光线与自然风光摄影之间的关系，并拍出独特而出色的自然风光照片。

6.1 自然风光摄影的一般用光技巧

直射光下拍摄风景

拍摄自然风光题材，整体来看，直射光会有更好的效果。因为在直射光下，场景中的景物会拉出影子，影子与光线照射的部分形成明暗的对比，可以丰富影调层次，让画面整体的影调更加分明，视觉效果更好。

这张照片是用一种接近顶光的直射光拍摄的，即便如此，近处的草地及树木都拉出了一定的影子。可以看到，画面的影调层次非常明显，并且画面具有立体感和空间感

直射光拍摄的照片质感较强

斜射光拍摄山体

借助斜射光拍摄一些比较明显的、有高度的对象，比如山体，可以在山体线条周边营造出丰富的影调层次。山体的受光部位和影子能够将整个山体的轮廓很好地勾勒出来，最终让画面显得影调层次丰富，并且具有立体感。

这张照片中，整个雪山区域的轮廓是非常清晰的，并且影调层次也比较丰富

侧光拍摄山体

与斜射光相似，侧光对山体画面影调层次的营造也非常有利，并且对画面影调的强化程度更高，在画面当中呈现出的光比更大。但是，侧光对于山体轮廓的勾勒能力会稍差一些。

这张照片中，受侧光照射的山体上只有山脊的边缘被照亮，而山体的侧面处于阴影当中，整体的影调层次非常丰富

这张照片中，阳光斜射，照射到人物上，形成长条的斜影，画面光影效果强烈

"日照金山"效果

我们拍摄的场景中如果有一些表现力非常强的主体和视觉中心，那么等到光线照射到这些主体和视觉中心上时，画面主体会变得非常突出，视觉效果非常强烈。

这张照片拍摄的是日出时分的画面，太阳光线跃出地平线，照射到雪山顶端时，会将雪山的纹理以及旗云照亮，强化了其在特殊时刻的视觉效果

利用光线串联画面景物

拍摄自然风光题材时，太阳光线是一种非常好的可以用于串联画面景物的工具。

这张照片中，较大的逆光让太阳及其投射的光线非常强烈。这种光线从远至近将整个画面很好地结合了起来，各个区域在光线的串联下显得很有秩序，影调层次的过渡也比较自然，画面整体显得非常紧凑

这张照片利用局部
光影效果，强化了
地形地貌特征

云雾对表现山景的作用

自然风光当中，云雾是非常好的气象条件。因为乳白色的云雾可以与深色的
景物搭配，形成非常自然的明暗相间的层次变化。并且，涌动的云雾也会丰富画
面的内部层次，让画面更有看点。

这张照片表现的是
夏季长城优美的景
色，而远处涌动的
云雾会让画面显得
更有意境，更有空
间感

这张照片是无人机的航拍画面，建筑在云雾的包围下显得宁静又宏伟

拍摄沙漠时阴影的作用

对于拍摄沙漠来说，立体感与空间感是必不可少的。

这张照片中，因为视角较低，没有办法表现出较为悠远的意境。但借助光线的照射，沙脊拉出的阴影与受光面形成了丰富的影调层次，让看似非常简单的一个平面呈现出了较好的立体感

散射光下要注意丰富画面影调层次

与直射光带来的丰富的影调层次不同，散射光下的景物主要靠自身的明暗和色彩来营造画面的影调层次，所以我们取景时就应该注意寻找一些明暗变化比较大的景物来构建画面。

作为主体的长城与周边深色的山体形成了一种明暗的对比，而近景处一些泛黄的树木又与冷色调的山体和天空形成了一种色彩的对比。虽然没有直射光照射，但整个画面依然呈现出了较为丰富的影调层次，并且散射光自身比较柔和，将画面的细节特点也很好地表现了出来。最终画面各区域的色彩和影调层次都非常丰富，细节也比较完整

拍摄波光粼粼的水面美景

拍摄的场景当中，如果有大片空旷的水面，有可能会导致水面区域显得空洞和乏味。但是如果有直射光，并且拍摄时间是在早、晚两个时间段，我们就可以进行逆光拍摄。借助太阳光线，可以让水面呈现出波光粼粼的效果，让画面的氛围感更浓，也避免水面显得空洞。

这张照片中水面的面积非常大，但在霞光的照射下呈现出波光粼粼的效果，最终整体画面就非常优美了

打造日落时冷暖对比的效果

太阳落山之后一段时间内，它的余晖会照亮天空。在晴朗的天气中，这种余晖可以与地景背光处的冷色调形成一种冷暖的对比，让画面的视觉冲击力变得更强。

太阳落山之后，画面整体的光比变小，并且暖色调的余晖与冷蓝色的天空和地景形成冷暖对比的效果，让画面整体的视觉冲击力变得很强。当然我们也要注意，要想营造这种冷暖对比的效果，需要让较大区域的冷色调与较小区域的暖色调形成对比，这是非常重要的，如果暖色调区域过大，则这种对比效果会变弱

114

为白色水流搭配深色景物

拍摄水景时，溅起的水花是白色的，它会与深色的岩石、树木等景物形成明暗的对比，并让画面有丰富的影调层次。如果我们使用慢门进行拍摄，这些水流还会呈现出如丝绸般的质感，画面会有梦幻般的美感。白色水流其实与云雾等拍摄对象有些相似，它们产生的视觉效果也比较相似。

浅色调的水流与周边深色的岩石及树木等景物搭配，画面的影调层次会比较丰富

渲染弱光夜景的神秘氛围

"黑减"是指我们拍摄夜景或一些深色场景时，要适当降低曝光值，否则相机会自动提高所拍的深色场景的曝光值，导致拍出的画面不够黑，而是灰蒙蒙的。所以拍摄时需要进行"黑减"操作，即适当地降低曝光值，渲染出弱光夜景或深色场景的神秘氛围，表现出真实场景的美感。

这张照片拍摄的是没有月光照射的漆黑夜晚的星空。从画面中可以看到，通过合理降低曝光值，整个银河的纹理非常完整地呈现了出来。但是应该注意，如果曝光值降低过多，那么地景可能会有大片区域变得一片漆黑，这属于暗部溢出的问题

在实际应用中，拍摄这种弱光环境下的银河时，由于不容易控制曝光值的降低幅度，通常情况下可以设定 M 挡全手动模式。并且，有经验的摄影师可能会用一些固定的参数，比如说拍摄这种几乎没有光照的银河夜景时，光圈通常会设置为 F2.8 或更大，快门速度会设置为 30 秒，感光度会设置为 ISO 4000 及以上，这样可以得到更理想的画面效果。当然，从实拍的角度来说，可能我们还要注意"500 法则"。所谓"500 法则"是指：焦距 × 快门速度 ≤ 500，如果超过 500，则拍摄的照片中的星点会拖出长长的轨迹，产生拖尾现象，效果也不会很理想。

6.2 表现雪景的用光技巧

渲染高调雪景的美丽

相机测光是以 18% 的反射率为基准进行的。因为 18% 是我们所见的自然环境的平均反射率，是一个比较平均的亮度，用相机拍摄的照片也接近反射率为 18% 的环境的亮度。如果拍摄的场景亮度非常高，相机会认为曝光值过高而自动进行降低曝光值的操作。比如我们在拍摄雪景时，由于反射率非常高，相机会自动降低曝光值去拍摄，这就会导致拍摄的雪景亮度偏低，从而导致画面灰蒙蒙的，不够明亮，无法表现出雪景的美感。在这种情况下，摄影师需要在测光的基

础上适当地提高曝光值，还原出真实场景的亮度，也就是用稍高的曝光值渲染出高调雪景的美丽。

这张照片中，适当提高曝光值让画面整体非常明亮，将现场雪景表现得非常美丽。从画面中可以看到，低照度的光线在前景当中让雪地表面的一些凹凸纹理拉出了阴影，这样有助于强化雪地表面的质感，让画面整体的视觉效果更好

当然，在实际拍摄当中，尤其是拍摄这种直射光下的雪景，也应该注意一点：虽然有必要提高曝光值，但也不能提得太高。

实际上，这种拍摄雪景时提高曝光值的操作，也符合摄影曝光中的"白加黑减"原则，其中，"白加"就是针对这种比较明亮的场景。

拍雪景时要搭配深色景物

通常来说，无论是直射光下的雪景还是散射光下的雪景，环境的亮度都非常高，为了让画面有更丰富的影调层次和明暗对比，大多数情况下摄影师都需要借助一些深色景物与浅色的雪景进行搭配。所以在取景时，摄影师就应该注意寻找一些深色景物，从而营造出影调层次丰富的画面。

这张照片中的雪景非常优美，画面整体也非常明亮。树干及阴影等深色区域调和了画面的影调，最终画面得到了比较好的效果

直射光下拍雪景

在直射光下拍摄雪景应该通过调整取景角度，在画面当中纳入一些景物的影子，这样可以与浅色的雪景进行搭配，让影调层次更丰富。这其实与用深色景物来搭配雪景是一个道理。

虽然是顺光拍摄，但借助机位后方景物的影子，丰富和调和了画面，让画面的影调层次显得非常丰富。另外，因为受光线直接照射的雪地部分亮度非常高，所以我们不能简单粗暴地提高曝光值，否则会导致受光线直接直射的区域高光溢出

第 7 章
花卉与林木摄影的用光技巧

本章先介绍花卉摄影的一般用光技巧，之后介绍拍摄林木场景的用光技巧。

7.1 拍出黑背景的花卉

让照片的主体明亮，而背景较暗，是我们经常见到的花卉拍法。要获得这种效果，通常有两种方法。第一种方法是携带一块黑色背景布，拍摄之前将黑色背景布放到花卉后面，然后直接拍摄即可。第二种方法是，先选择一个合理的角度，从该角度看花卉时，背景较暗；然后采用点测光的方式对准较为明亮的花卉部分测光，这样可以进一步压暗背景，最终就可以拍出黑背景的花卉。

寻找较暗的背景，然后设定点测光或中央重点测光，对准花卉的亮部测光，这样可以拍出黑背景的花卉

7.2　不同光线下花卉的表现重点

顺光拍摄花卉的表现重点

顺光拍摄花卉，可以将花卉的各个区域都照得比较明亮，这有利于表现出花卉各个区域的色彩和纹理细节。

顺光拍摄，光线充足，花蕊及正在采蜜的蜜蜂的重点部位都非常清晰地显示了出来，且色彩表现力强

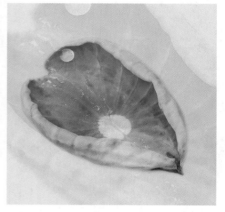

顺光拍摄主要用于表现物体的外形特征

逆光拍摄花卉的表现重点

逆光拍摄花卉时，因为大多数花瓣比较薄，一般不会拍剪影效果，而是会拍花瓣被光线穿透的透光效果。这种透光效果会让花瓣的色彩、纹理等都得到比较清晰的呈现。

逆光拍摄，地黄花的绒毛纤毫毕现

斜射光下拍摄花卉的表现重点

在斜射光下拍摄花卉时，能够将花卉整体或其他拍摄区域的明暗层次表现出来，并且勾勒出花卉的轮廓。

散射光下拍摄花卉的表现重点

散射光其实与顺光有些相似。在散射光下拍摄花卉时，花卉会显得非常柔和，花卉整体表面的纹理、细节和色彩会还原得非常到位。如果借助于长焦镜头拉近拍摄，可以让花蕊部分呈现出强烈的质感。

葡萄风信子的每一朵小花只有绿豆般大小，近距离拍摄可以放大小花，让我们观察到微观世界的奇妙

在散射光下，花卉整体的色彩及花蕊的纹理都有较强的表现力

环形闪光灯拍摄花卉的表现重点

进行微距摄影时，良好的光线是拍摄成功的一个重要条件，环形闪光灯是微距摄影中较常用到的附件。使用单反相机机顶的内置闪光灯进行微距摄影并不是很好的选择，因为机顶的内置闪光灯光线过于单一，并且容易形成强光照射点，使得拍摄对象正对相机镜头的部位过亮而损失大量的细节。辅助微距摄影的照明系统需要采用非常专业的闪光系统。专用的环形闪光灯具有多角度、不同亮度进行补光的特性，每个闪光灯都具有专属的放置区域，从而制造出平衡均匀的照明效果。

微距摄影使用的闪光灯一般为特制的环形闪光灯，它能够从各个角度对主体补光，不留下阴影。环形闪光灯的灯头部件一般是通过镜头前端的滤镜螺口固定在镜头上的，在有些情况下，也可以通过卡口来安装（类似于为镜头安装遮光罩）

当环形闪光灯被引闪时，围住镜头的一圈灯管会同时发光，因此光线是呈环状包围的，而不是像普通闪光灯那样，仅由上方或一侧发出闪光。所以，环形闪光灯能够有效地消除闪光灯拍摄中的阴影

7.3　表现林木的用光技巧

在密林中表现星芒效果

在林木中拍摄，如果直接逆光拍摄，不调整取景角度，那么在大多数情况下是无法捕捉到星芒效果的。所以在确定画面之后，往往需要微调取景角度，让光线从树叶缝隙中透出，才能表现出星芒效果。要表现出星芒效果，对于光圈有较高要求。一般来说，光圈值设定为 F10 、F 11 、F13 时，星芒效果最好。另外，广角镜头拍摄的星芒效果往往要好于长焦镜头拍摄的星芒效果。

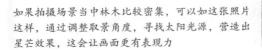
如果拍摄场景当中林木比较密集，可以如这张照片这样，通过调整取景角度，寻找太阳光源，营造出星芒效果，这会让画面更有表现力

借助水汽表现密林的空间感

在密林当中，夜晚会有大量的水汽，天亮之后温度升高，水汽开始蒸腾。这种蒸腾的水汽会在密林间形成晨雾。如果是早晨拍摄，借助晨雾表现密林有非常大的优势。其一，晨雾可以与幽暗的密林形成明暗搭配，让画面的层次更加丰富。其二，晨雾可以挡住一些深色的枯木和杂乱的枝条，让画面更加干净。其三，这种晨雾可以酝酿出一定的梦幻氛围。其四，晨雾可以营造空间感。

这张照片中，近处没有晨雾，随着道路的延伸，画面深处出现了大片的晨雾。这种晨雾会给人一种非常强烈的空间感，让人仿佛置身于仙境当中

利用烟雾拍出迷人的丁达尔光

丁达尔光是一种非常迷人的自然光线。我们在野外拍摄时，尤其是太阳初升时分，夜晚储存的水汽因温度升高而蒸腾起来，丁达尔光会更加明显。太阳升起一段时间之后，随着光线变得越来越强，地面的水汽逐渐消失，丁达尔光会变弱。实际上，我们也可以通过一些人为的手段来强化这种光线效果。

拍摄这张照片时已经比较晚，早晨的丁达尔光已经逐渐消失。为了强化这种效果，我们就自带了烟饼进行燃放。当然需要注意的是，秋季的森林当中，防火是非常重要的，所以不能使用真正的可燃物，而烟饼这种道具是非常好的选择。可以看到，从画面左上方投射下来的丁达尔光照射到地面的小路上，给人仙境般的视觉感受

用暗背景或虚化背景突出树叶表面的纹理和色彩

树叶表面的纹理和色彩是非常具有表现力的。每一片树叶都有它独特的纹理，或是有规律，或是有质感，或是色彩迷人，整体会给人非常奇特的视觉感受。要表现不同树叶的纹理和色彩，最好的办法是寻找较暗的背景，或是对背景进行虚化。

这张照片中，树叶已经落在地上，很显然，我们没有办法通过点测光或曝光的方式让背景变为纯黑，但是可以适当将背景压暗，而让树叶保持原有的亮度。最终树叶的结构、形状、纹理和色彩表现得非常理想，画面整体也非常干净。散落的树叶形成了棋盘般的构图，产生了一种跳跃性和欢乐感

拍出晶莹剔透的树叶

前文介绍过，要表现树叶的纹理结构和色彩，采用较暗的背景会有很好的效果。实际上，如果我们逆光拍摄，让光线穿透树叶，同样可以将树叶的一些纹理结构和色彩表现得非常好，并且让画面有一种梦幻般的美感。

稍稍地调整角度，让强烈的光线逆向照射树叶，最终营造出了这种晶莹剔透的秋日美感

第 8 章
城市摄影的用光技巧

本章讲解我们日常生活中接触较多的城市场景的拍摄用光技巧。

凸显建筑表面质感

借助光影，可以表现出建筑非常强烈的质感。一般要求有较低的照度，所谓较低的照度是指光线的方向与建筑表面夹角很小，这样建筑表面的一些纹理更容易拉出长长的影子。借助这种表面纹理的影调层次变化，才能强化建筑表面的质感。

从整体来看，太阳接近于顶光照射，也就是与地面的夹角非常大。但如果我们换个角度可以看到，太阳由上向下照射，与建筑表面的夹角非常小，所以建筑表面的一些材质结构和纹理就拉出了很长的影子，从而强化了建筑表面的质感

表现建筑线条的美感

在一些玻璃外观的现代化建筑当中，无论穹顶、悬梯还是其他部分，摄影师都可以借助窗光的照射，表现出建筑线条的美感及建筑的设计之美。

这张照片表现的是北京凤凰国际传媒中心内部的一个区域。在地面直接进行仰拍，借助从室外照射进来的强烈光线，表现出了建筑的造型设计与线条之美

借助窗光打造强烈的明暗对比

在一些室内场景中，从窗户投射进来的光线会与室内幽暗的环境形成强烈的明暗对比，从而产生丰富的影调层次，让画面变得富有美感和艺术气息。拍摄这类场景时，要注意控制画面的反差，可以开启自动亮度优化功能（尼康相机开启动态 D-Lighting 功能），缩小反差，让高光与暗部都有足够丰富的细节。

这张照片中，建筑虽没有玻璃外观，但是它有较大的窗户，因此明亮的光线可由外向内照射进来，与幽暗的室内区域形成强烈的明暗对比。借助窗光，画面会有丰富的影调层次；再借助建筑自身对称的结构，画面就变得非常漂亮且层次丰富，表现出了建筑的独特造型

129

建筑穹顶的画面

我们可以在一些非常高大的现代化建筑内部拍摄它的穹顶，从而表现出穹顶的光影之美和设计造型之美。

这张照片拍摄的是一座大厦的穹顶，可以看到，整个穹顶是由多个圆环组成的，环环相套，明暗相间，既有设计造型之美，又有光影之美

表现旋梯的光影之美

实际上，很多高大建筑内部的旋梯也是很好的拍摄对象。可以到楼梯底部进行仰拍或楼梯顶部进行俯拍，从而表现旋梯的漂亮造型，以及光影和色彩变化。

这张照片就是在楼梯顶部俯拍的，将整个旋梯螺旋状的造型表现出来，而它的色彩搭配与光影也比较有特点

刚入夜时的城市画面

　　一般来说，日落之后但天色还没有彻底黑下来的这段时间可能只有短短的十几分钟，但却是拍摄城市风光最理想的时间段。因为在这个时间段，天空中仍有余晖，呈现出红、橙、黄等暖色调，而地面已经开始变黑，亮起了灯光。最终拍摄的画面当中，城市的灯光与自然界中的光线交相辉映，显得非常漂亮优美。从另外一个角度说，此时因为没有光线的直射，整个场景的明暗反差较小，曝光也相对容易控制，地面上没有光线照射的区域也没有完全黑下来，更容易得到充足的曝光，从而有更丰富的细节。

这张照片中，天空中的霞云非常壮观，地面的建筑也已经亮起了灯光，车灯开始拉出线条，画面的色彩非常瑰丽

城市星轨

　　实际上，城市中并不是只有街道上的车辆和建筑可以拍摄。遇到晴朗无云的天气时，在夜晚拍摄城市风光时还可以借助天空中的星星或月亮来搭配地面的景物，让画面给人一种斗转星移、世事沧桑的历史穿越感。

可以看到，地景中有现代化的楼宇和有年代感的古建筑白塔，而天空中则是旋转的星轨，最终画面就会有一种斗转星移的历史穿越感。虽然画面的形式不是特别优美，色彩也稍显杂乱，但画面的主题是非常有意思的，因此整体表现力非常好

记录车流

拍摄夜景时，慢门是必不可少的。因为此时整个场景比较昏暗，如果要设定较低的感光度，保证画面有较好的画质，就需要使用慢门进行拍摄。在慢门下，街道的车辆灯光会拉出长长的线条。如果可以将车流想象成整个城市的血管，并且串联起整个画面，那就非常有意思了。

这张照片表现的是城市主干道如丝织般的车流，场面非常壮观，车流由近及远分散到城市各处

8.2 城市摄影的特殊用光技巧

用月亮连接城市建筑

城市的建筑有旧有新，有现代化的楼宇，也有历经数百年留存下来的古建筑，如果将现代化的楼宇与古建筑搭配在一起，则会给人一种穿越感。

画面左侧的这三座现代化建筑与近处山坡上的万春亭形成了一种古今的搭配。两者之间通过一轮明月进行衔接，最终画面既有形式感，又非常有内涵

表现"金光穿孔"的景观

实际上，这个场景比较特殊。它利用的是颐和园的十七孔桥。之所以说它特殊，是因为这张照片中表现的"金光穿孔"的景观，每年只有在特定的时间段才能拍到。在每年的春分和秋分前后一段时间之内，太阳将近落山时，光线正好照射进桥洞，暖色调的光线与冷色调的水面及天空产生了强烈的色彩对比，从而表现出了光影之美和建筑设计之美。当然，拍摄这一景观还有一个难点，就是近年来随着大家已经熟知"金光穿孔"的景观，所以每年到春分和秋分前后，这里在

133

日落时间都有大量的游人。借助减光镜以及后期的堆栈模式等特定手段来消除画面中的游人，是比较有意思的。这里提示一下，如果要消除画面中的游人，可以借助减光镜进行长时间的曝光并进行多次连拍，最后进行中间值的堆栈。如果不借助减光镜，直接进行大量的连拍，可能需要拍非常多的照片，才能在后期将画面中的游人消除。

颐和园十七孔桥"金光穿孔"的画面

悬日、悬月更加吸引人

随着摄影器材性能的不断提升，近几年来，悬日或悬月逐渐成为一种比较热门的题材。在每年的春天或秋天，在一些正东或正西的道路上，太阳临近落山或初升时，正好悬挂在街道的正上方，这是悬日的现象。之后，摄影界逐渐将出现在一些建筑物顶端的太阳或月亮也看作悬日或悬月。有一个比较著名的观赏悬日的地点，它位于美国纽约的一条大街，在日落时分，街道上出现的悬日美景非常壮观。

这张照片表现的就是春分前后，北京的天坛公园祈年殿上方的悬日美景。圆形的太阳与大致呈三角形的祈年殿形成了一种形状的组合，比较有意思。当然，要拍摄悬日或悬月的场景，有时候我们可能需要借助一些特定的软件进行模拟和计算，找出太阳和月亮出现在建筑正上方的时间，然后根据计算的时间进行拍摄，有的放矢，从而提高拍摄效率

这张照片拍摄的是景山上万春亭的悬月，通过计算，我们在月亮正好出现在凉亭顶端正上方时进行拍摄，效果是非常理想的

第 9 章
人像摄影的用光技巧

在人像摄影中，光线的运用至关重要，它可以塑造出不同的氛围和效果，突出人物的特点和美感。但应该注意的是，人像摄影用光，并没有特别固定的规则，实际应用中需要根据具体情况进行调整和创新。

9.1 一般光线下人像摄影的控光

拍出漂亮的发际光

室外拍摄人像时，逆光是非常完美的光线。因为在逆光下拍摄，画面往往会有比较强烈的光影效果，影调层次会非常丰富。并且在逆光下，人物的衣服以及头发的边缘会有一些半透明的区域，这些半透明的区域会因为太阳光线的照射产生透光的效果，勾勒出人物的轮廓，并且在人物的发丝边缘形成漂亮的发际光，让画面有一种梦幻般的美感。从另外一个角度说，逆光拍摄时，人物面部处于背光的状态，无论明暗都是比较均匀的，后续我们只要对人物面部进行补光，就可以得到非常漂亮的画面效果。

逆光拍摄时，人物发丝周围有明显的透光效果

拍出漂亮的光雾人像

　　逆光进行拍摄时，如果不使用遮光罩或让大片的太阳光线出现在取景范围之内，拍摄的照片中可能会形成大面积的光雾效果。这其实与发际光的作用相似，大片的光雾会让画面产生如梦似幻的效果，再与漂亮的人物进行搭配，画面整体效果会非常理想。

在画面左后方光线的照射下，画面中形成了大片浅黄色的光雾，让画面显得梦幻唯美

使用反光板补光

逆光拍摄时，画面整体的光影效果非常强烈，而人物的正面处于背光的阴影当中，亮度不够，所以需要补光。通常情况下，比较理想的补光器材是反光板。借助反光板，柔和的光线可以照亮人物面部，让画面呈现出非常柔和的画质和均匀的亮度。

虽然现场光线不是特别强烈，但人物的右后方有明显的光源，人物面部因此处于背光状态，需要借助反光板进行适当的补光，这样才能够让作为重点的人物面部，特别是眼睛有充足的亮度

这张照片中光线被道具伞遮挡，人物面部偏暗，需要借助反光板进行适当的补光

散射光下使用反光板补光

　　无论直射光还是散射光，都会有一定的方向性。直射光的方向性比较强，而散射光虽然方向性不是很强，但我们如果控制不好取景角度，散射光仍然会导致人物面部曝光不够理想，所以人物面部需要进行补光。

这张照片中虽然是散射光环境，但明显光线是由画面远处向近处投射，这样人物面对相机的一侧就会曝光不足，不够明亮。因此，在实际拍摄当中，需要使用反光板对人物正对相机的一侧进行补光，让这部分有充足的亮度

用反光板对人物面部适当补光，使人物面部足够明亮、平滑

强侧光拍人像有何特点

用侧光拍摄人物时，如果侧光强度非常高，可以使人物面部以鼻梁线为分界，产生强烈的明暗对比。这种强烈的明暗对比不利于表现人物的五官和脸型，但是强烈的明暗对比和丰富的影调层次可以渲染某些特定的情绪，再搭配人物特定的表情和动作，可以让画面变得更加耐看。

这张照片实际借助了街道两旁强烈的路灯在人物面部产生的强侧光，最终画面中的人物有了一种与众不同的情绪。这张照片表现的不是人物自身的美感，而是整体的情绪和氛围

斜射光拍人像的特点

斜射光非常利于表现被摄体的轮廓，因为它既能呈现出丰富的影调层次，又能在一定程度上兼顾被摄体的表面质感和纹理细节。但实际上，拍摄人像时，斜射光并不多见，因为虽然斜射光能够勾勒人物的面部轮廓，但是它也会在人物面部产生一些强烈的阴影，让人物面部显得不够柔和、不够漂亮。如果这时进行补光，那么人物的眼睛、鼻子下方等一些浓重的阴影与周边的区域并不是十分容易调和。所以说，在用斜射光拍摄人像时，大多使用前斜射光来清晰地表现人物的面部轮廓。

前斜射光让人物面部轮廓更加清晰

让人物迎着光源，打造眼神光

无论是在室内还是室外拍摄人像，一定要保证人物面对的方向有一些光源。只有这样，才能够确保在最终拍摄的照片当中出现眼神光。只有出现了眼神光，画面整体才会活起来，人物才会显得更有精神。

这张照片中，实际上人物是背光的，这种情况下如果盲目地直接拍摄，人物眼睛中就没有眼神光

但实际拍摄时，在相机周边放置了一个很小的点光源或反光板，这样最终拍摄的照片当中，人物眼睛中就出现了眼神光，画面就更耐看

142

在密林中拍摄人像要注意什么问题

在密林当中拍摄时，取景时一定要避免斑驳的树影在人物面部产生阴影，造成不够干净的光影效果。一旦出现了由斑驳的树影，产生的人物花脸问题，后续处理会变得非常麻烦，照片整体也会给人不舒服的感觉。

让人物背对光源，从而避免树影产生的花脸问题

散射光人像的特点

散射光在经过空气中微小颗粒的散射后，会形成柔和而均匀的光影效果。这使得人物的轮廓更加柔和，细节更加丰富，画面呈现出自然而温暖的感觉。

散射光的存在可以增加画面的色彩层次感。通过光线的折射和反射，人物周围的色彩会变得更加鲜艳、丰富，从而营造出独特的色彩氛围。

总的来说，散射光人像具有柔和、浪漫、神秘和艺术性强的特点，具有独特的美感。

散射光环境中，人物身穿飘逸的长裙，画面给人柔和舒适的感觉

散射光环境中，光感较弱，人物之间的年龄差以及画面的明暗对比，营造了具有冲击力的效果

借助窗光打造人像

在室外拍摄时，逆光是非常完美的光线。而在室内拍摄时，如果要在自然光下拍摄，窗光是最佳选择。借助窗光，可以打造非常完美的室内人像。窗光的方向性很强，有助于让画面呈现出非常明显的光影效果，丰富画面的影调层次。另外，经过玻璃或窗帘的过滤，窗光会变得更加柔和，有助于让人物以及整个画面表现出更多的细节和层次。当然，选择窗光也有讲究：如果是朝南的窗户，有直射光照射时，窗光就会比较强，它更有利于打造侧光的人像，表现一些特定的情绪和氛围；如果是朝北的窗户，射入的光线是散射光，就会更有利于表现人物的身材、五官等。

这张照片当中，窗户是南向的，光线非常强。由于人物身穿纱质的衣服，再搭配纱质的窗帘，画面就形成了一种独特的情绪和氛围

要避免服饰色彩与环境过度相近

　　拍摄室外人像，在选择服饰时，一定要提前做好准备。要避免服饰的色彩与环境过度相近，否则拍摄出来的照片往往不利于突出主体人物，画面效果可能不会特别理想。

整个背景与人物服饰的色彩有些过于相近，因此只能采用大幅度虚化背景的方式来突出主体人物

这个画面当中，人物服饰的色彩与背景的反差就足够大，无论背景是否虚化，主体人物都很突出

强光下戴帽子拍摄

风光题材可能更多在早晚两个时间段进行拍摄，但是人像即便是正午也可以拍摄，因为人像摄影更追求光线的通透和干净，对于光线的色彩没有太高要求。如果在接近正午或正午进行拍摄，可能处在一种顶光的环境，在这种情况下，在室内或密林当中拍摄会有更好的效果。如果在室外拍摄无法遮挡强烈的顶光，可以让人物戴一顶大帽檐的帽子，从而让人物的面部有更均匀的光影，呈现出更为完美的五官和表情。

在室外拍摄时，为了避免顶光在人物眼睛及鼻子下方产生浓重的阴影，可以让人物戴上一顶遮阳帽，再对人物面部进行补光，就能得到非常完美的画面效果

9.2　闪光灯的使用技巧

闪光灯跳闪

　　跳闪是外接闪光灯的一种常用的拍摄手法，区别于闪光灯水平方向直接照射被摄体，跳闪是不将外接闪光灯的光直接打到被摄体上，而是把光打在头顶的天花板或者四周的墙壁上，使其分散开来后再照射在被摄体上。这也就是利用了光的漫反射原理来照亮被摄体，使点光源变得更加柔和，从而得到更自然的光效。

外接闪光灯的灯头是可以调节照射方向的

外接闪光灯现场实拍

跳闪时，外接闪光灯并没有固定的方向，主要是面对墙壁或其他反射面进行闪光，从而让画面产生更自然的光效

离机引闪

离机引闪是指将外接闪光灯放在相机之外的某个位置，在相机的热靴上安装引闪器，拍摄时利用相机上的引闪器来控制闪光灯进行闪光。闪光灯不在相机上，拍摄时用安装在相机上的引闪器（需要单独购买）来控制外接闪光灯闪光。引闪器控制外接闪光灯闪光的方式主要有 4 种。

（1）引闪器用信号线连接外接闪光灯。采用这种方式拍摄时，引闪成功的概率可达 100%，但因为中间有信号线连接，使用不是很方便，并且 1 根信号线只能控制 1 个外接闪光灯。

（2）拍摄时引闪器发出红外线控制外接闪光灯闪光。采用这种方式拍摄时，引闪成功率稍低，因为红外线可能会被某些障碍物阻挡而造成引闪失败，但使用比较方便，并且 1 个引闪器可以同时控制多个外接闪光灯。

（3）拍摄时利用内置闪光灯的光线对外接闪光灯进行引闪，但采用这种方式时，外接闪光灯容易被外界光线干扰，从而造成引闪失败。

（4）使用无线电引闪。无线电基本不受障碍物阻挡，并且信号传播距离远，这种方式几乎没有漏闪现象，但是使用成本很高。

使用离机引闪的方式在室外拍摄人像，可以营造出非常实用且漂亮的光影效果，让画面的空间感增强

高速同步与慢速同步闪光

在使用闪光灯拍摄一些弱光场景甚至是夜景人像时，如果直接闪光，快门速度一般会被限制在 1/60 秒 ~ 1/320 秒（也有部分最高速度为 1/200 秒）的范围内（因为相机的高速同步闪光速度就被限定在这个范围）。这样在很短的时间内完成曝光就会出现背景曝光不足而主体人物曝光正常的现象，画面显得比较生硬。在这种情况下，可以使用慢速同步的方式拍摄，即设定更慢的快门速度，如 1/15 秒 ~ 1 秒这个范围，让背景有更充足的曝光量。最终可以发现，除主体人物较亮之外，原本较暗的背景也变亮了。这也就是通常所说的慢速同步闪光。

采用慢速同步方式拍摄夜景人像，可以看到背景也得到了足够的曝光量，画面整体的明暗就更均匀了

傍晚时，用外接闪光灯拍摄人像会有什么效果

外接闪光灯一般都是由相机厂家直接设计制造出来的设备，可以通过热靴与相机完美结合。在携带相机外出拍摄时，外接闪光灯可以起到很好的补光效果，是很多纪实摄影师必备的器材。

用外接闪光灯可以压暗背景，同时不影响主体人物的亮度

9.3 棚拍用光基础

棚拍人像的背景选择

棚拍人像，多数以简洁、干净的黑、白、灰等纯色背景为主，这样可以方便后续的抠图，以进行下一步的合成等操作。在这些纯色背景的基础上，摄影师可以根据画面的需要，营造特定的氛围。

当然，纯色背景并不是绝对的，摄影师还可以根据画面要求选择特殊背景。例如后续没有过多抠图要求的婚纱摄影或者写真，可以使用一些实景喷绘的背景，以便在影棚中营造更多的环境氛围。用实景喷绘背景是一种很经济的做法，可以在室内营造出外景效果。

在室内利用纯色背景拍摄人物写真，非常便于在后期进行抠图

拍摄穿着白色衣物的人物时，为了方便后续的抠图操作，黑色背景是必不可少的

拍摄带有图案甚至是道具的室内人像，更重要的目的是呈现人物的肢体、动作等，而不是为了后续的
商业应用

棚拍人像的相机设定技巧

在影棚内拍摄人像时，相机的设定一般是有规律可循的，这里总结了一些常用的相机设定技巧。

（1）用低感光度拍摄

棚拍时，为了得到最完美的画质、最真实的色彩、最逼真的质感，并减少噪点的影响，摄影师大多选用较低的感光度来拍摄。建议拍摄时的感光度不要高于ISO 200，至于具体是 ISO 50 还是 ISO 100，则没有太大区别。

（2）常用光圈与快门速度组合

棚拍时，即便没有任何虚化，干净的背景也不会对人物的表现力造成干扰。另外，还要尽量避免人物发丝部位产生虚化，所以建议棚拍时以中小光圈为主，如 F5.6 ~ F16。至于快门速度，设定为 1/60 秒 ~ 1/500 秒就可以了。

小光圈拍摄可以确保人物面部及发丝等部位都有足够高的清晰度，这样的照片更利于后续的商用

呈现最准确的色彩

白平衡设置正确是得到一张色彩还原准确的照片的关键。如果仅用自动白平衡模式来进行闪光人像摄影，相机在拍摄前受造型光、环境光影响，拍摄的照片可能会出现色彩还原失真的问题。如果用闪光模式，仍然有可能偏色，因为目前市面上的闪光灯实际输出闪光时，色温值与闪光模式对应的 5500K 有着不同程度的偏差。大多数进口闪光灯的色温值为 5600K 或者略微偏高 200K ~ 300K，而多数国产闪光灯的色温值在 4800K 上下。

使用自定义白平衡（手动白平衡）模式，可以拍到色彩还原非常准确的室内人像

　　在拍摄前调整白平衡有两种常用方法：一是用相机的自定义白平衡模式，在主体位置拍摄灰卡来自定义白平衡；二是提前用可测闪光色温的色温表测定色温。

　　当然，我们经常会在后期调整白平衡，最好用的办法就是拍摄时在环境中放一张中性灰卡，并采用 RAW 格式拍摄。在后期调色时只需要将白平衡吸管移至画面中的中性灰卡，单击一下，就可以校正同一批照片的白平衡了。

灰卡、白卡与黑卡

色温表

影室灯的分类及特点

影室灯有持续光灯和闪光灯之分。持续光灯历史更悠久，最早的持续光灯是白炽灯，色温大约为 2800K ~ 3200K，功率从几百瓦到上千瓦不等。近年出品的高色温冷光连续光源的色温在 5600K ± 1000K 的范围内。持续光灯的优点是可以长时间曝光，自由设置自己需要的拍摄时间或者镜头光源。

现在影棚内使用最多的是室内闪光灯，其更适合在瞬间进行抓拍，并且闪光的强度很高，这样拍出的画面更加通透干净。闪光灯的色温为 4800K ~ 5900K，因为与闪光灯白平衡的色温有一定偏差，所以为了获得更准确的色彩，建议拍摄时一定要拍摄一张带有中性灰卡的照片，用于后期校正色彩。

借助旋钮进行功率调整的影室灯

数字调谐式影室灯

棚内常用的柔光附件

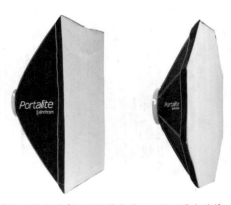

常见的柔光箱有四边形柔光箱、八边形柔光箱等

（1）柔光箱

柔光箱其实就是便携式的小柔光屏，装在闪光灯灯头上。柔光屏与光源距离固定，距离被摄体越近，光线越硬；距离被摄体越远，光线越柔和。此外，柔光箱面积越大，柔光效果越好，光线亮度越均匀；柔光箱面积越小，柔光效果越差，光线亮度就越高。

（2）柔光柱

柔光柱也是柔光箱的一种，只不过一般是落地式的，大约有 2 米高。柔光柱的特点是可以把人物从头到脚均匀照亮，所以在时装摄影中经常用到。

（3）反光伞

反光伞是一种携带方便的反光式柔光附件，根据对强度和色彩的需要，有乳白色、金色、银色的内反射面。乳白色伞面反射出来的光线比较柔和，无色彩偏移；而金色和银色伞面反射出来的光线比较硬，前者色调偏冷，后者色调偏暖。

柔光柱

反光伞

主灯与辅助灯

主灯是指人像布光时的主光源，辅助灯则用于对一些阴影和背光部位进行补光。主灯会使主体人物产生高光与阴影部位，并且明暗反差很大，这对于表现人物面部细节是不利的。阴影部位比较暗，许多细节无法表现出来，因此也需要使用一些辅助灯对阴影部位进行补光。但应注意，辅助灯的照明效果不能强于主灯的照明效果，否则会使现场光线发生混乱，无法分出主次。

如果辅助灯的功率与主灯的功率相等，则二者的照明效果也会一样，这样主体人物的面部就不再有阴影存在。没有阴影层次存在，画面也就失去了立体感。因此，辅助灯功率应低于主灯功率，例如主灯功率为 800 瓦，则辅助灯可以使用功率为 500 瓦、400 瓦的，以得到更具立体感的画面。如果主灯与辅助灯功率相同，则可以在辅助灯前加上降低照明效果的毛玻璃、玻璃纸等道具。

主灯在画面右侧，是主光源，辅助灯从左侧对人物背光面进行补光，从而营造出影调层次丰富且明暗反差适中的画面效果

轮廓光

轮廓光是由拍摄场景远处向机位方向照射的光线，呈逆光效果。

人像摄影中，轮廓光主要用于勾画人物轮廓。当主体人物和背景明暗及色彩相差不大，融合度过高时，借助轮廓光可以分离主体人物和背景，从而让主体人物更醒目和突出。

轮廓光经常和主光及辅助光配合使用，使画面影调层次富于变化，增加画面的形式美感。

照片中人物侧后方的轮廓灯照亮了人物后方轮廓，从而使人物不会融于后方的深色背景，显得更清晰

9.4　三大主流棚拍布光方式

蝴蝶光的布光方式

蝴蝶光也称派拉蒙光，是美国好莱坞电影厂早期在影片或剧照中拍摄女性演员惯用的布光方式。蝴蝶光的布光方式是主光在镜头光轴上方，也就是在人物面

部的正前方，由上向下从 45° 方向投射到人物的面部，使鼻子下方形成一块蝴蝶形状的阴影，给人物面部带来一定的层次感。

蝴蝶光人像效果

鳄鱼光的布光方式

鳄鱼光实际上是从蝴蝶光衍生出来的一种布光方式。简单利用双灯，从人物前方两侧 45° 的位置通过大型的柔光箱照射过来，形成均匀的照明效果，即为鳄鱼光。这种布光方式最为简单实用，画面效果明亮均匀，适用性极强。

鳄鱼光人像效果，双灯从人物前面的上下方照明，让人物正面获得比较均匀的曝光

伦勃朗光的布光方式

摄影讲求唯美画面的刻画，人物的用光、姿态和神情都需要和谐融洽。最为经典的布光方式是伦勃朗光，它一般是使用三盏灯进行布光，包括主光、辅助光和背景光。主光从人物前侧45°~60°方向照射下来，在颧骨处形成倒三角形的亮区，形成侧光立体效果；辅助光安排在主光相对的方向，亮度大约是主光的1/4~1/8，作用是为阴影部位补光；背景光则是照亮部分暗黑的背景，突出装饰效果。

伦勃朗光其实在模拟自然光中的侧光立体效果，我们也可以在自然光下拍摄时调整人物与太阳光线的角度，得到相同的效果。

伦勃朗光人像效果

第 10 章
一般静物与商品摄影的用光技巧

本章介绍一般静物与商品摄影当中的用光技巧。

10.1 拍摄静物或商品前需要知道的 5 个常识

（1）在拍摄之前，应仔细清洁物品，避免产品表面有灰尘及污迹。

（2）清楚展示物品吸引人的地方。

（3）背景应该干净，最好用黑色背景或者白色背景。

（4）找寻适当的光源角度与强弱，适时使用闪光灯。

（5）若有同一系列的物品，应一次拍完，以免光线有太大差别。

10.2 静物摄影的一般用光技巧

借助窗光拍摄静物

在室内拍摄静物题材时，如果没有特殊的灯具或补光设备，借助窗光直接进行拍摄也是比较好的选择。唯一需要注意的是，要为拍摄对象准备一个干净的背景，然后用窗光照射拍摄对象，并借助窗光的照射线路来组织和串联各种不同的拍摄对象。这样既可以拍出非常干净的画面效果，又可以让不同拍摄对象之间有很好的明暗过渡和衔接，画面会显得比较紧凑。

这张照片就是借助窗光拍摄的。可以看到，画面的影调层次非常理想，我们在拍摄时是借助了一个纯黑的背景，最终得到了比较干净的画面效果。因为拍摄时使用的窗光并不算很亮，又是纯黑背景，所以我们设定了低感光度，借助三脚架，设定了比较慢的快门速度，才完成了这次拍摄

生活中的静物

在生活当中，可能书桌上的图书、灯具、笔筒，甚至计算机、鼠标等都是可以拍摄的对象。只需要将拍摄对象置于一个相对干净的环境，用明显的光源照射，往往就能拍摄出富有艺术气息的小品画面。

这张照片是借助上方的照明灯，拍摄了桌子上一个青瓷的花瓶。可以看到，光影层次丰富，花瓶自身的线条表现得非常清晰，画面的表现力也就变得非常强

10.3　商品摄影用光

拍出商品倒影

拍摄商品时，如果要拍摄倒影，可以借助倒影与真实的商品间的虚实对比，形成对称式构图，让画面变得更有看点，层次更加丰富。要拍出商品倒影，往往需要使用玻璃底面或光滑的塑料底面。拍摄时，相机尽量靠近桌面，这样拍出的倒影就会非常清晰，几乎无法分辨与实际商品的差别。

借助光面的桌子，放低相机进行拍摄，将倒影拍摄得足够清晰，与实际商品形成虚实的对比，可以丰富画面结构

用黑布遮挡黑色背景两侧

在影棚或柔光箱里拍摄一些小型的商品时，如果选择黑色背景拍摄，建议用黑布遮挡一下黑色背景两侧的入射光，这样可以避免两侧一些杂乱的光线照射到商品上产生杂乱的光斑，也可以避免杂乱光线照射导致背景泛灰，最终让画面更加干净。

这张照片拍摄时选择的是黑色背景，黑色背景的两侧分别用黑色绒布制作了两个遮光的挡板，用于挡住背景两侧一些杂乱的光线，最终拍出的画面非常干净纯粹

侧光拍摄商品的优点

如果要强化画面当中拍摄对象的立体感，布光时借助侧光，可以营造出非常丰富的光影层次，画面的立体感也会非常强。

这张照片中，主要的光源从画面左侧向右照射之后，使画面中产生了明显的阴影，这种丰富的影调层次可以让画面产生立体感和空间感

拍摄商品详情页照片时如何使用辅助光

在拍摄商品详情页照片时，可能会借助多角度的光线将商品各个面都非常好地表现出来，提供更完整的信息，一般对于影调层次没有太多的要求。但如果拍摄多种商品的组合画面时，可能还需要强调画面的立体感，这时就需要在布光时让画面存在光比，借助丰富的影调层次让画面显得更加立体。让画面存在光比的方法其实非常简单。如果是不可调功率的照明灯，在拍摄时可以让一盏灯距离近一些，另一盏灯距离远一些，这样会产生一定的明暗对比；也可以在相同距离下让一盏灯没有遮挡，借助白色的纸张或纱布等遮挡另一盏灯，这样也会让画面产生光比。还有一种办法是主灯用聚光灯，辅助灯则用柔光灯，这样也会让画面产生光比。

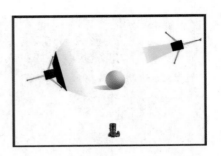

从右图可以看到：右侧的灯为主灯，产生一种聚光的效果，亮度非常高；左侧的辅助灯产生一种柔光的效果，亮度要低一些。这样画面就会存在明显的光比，但阴影又不会特别重

这张照片拍摄的是日用品，可以看到，右后方的灯光明显更亮，而左侧的辅助灯功率要低一些，这种光比就会让画面产生一些比较明显但浅淡的影调层次变化，让画面显得有立体感

拍摄商品要有充足光线

光线不足容易曝光不足，而大幅提高感光度后，画质会变差。

拍摄商品时，一定要有充足的光线，并且适当提高曝光值，这样才能得到曝光充足的画面，有助于在后期处理时得到更为细腻的画质和完整的细节。如果曝光不足，后期提亮之后的画质可能不会特别理想。

为防止高光溢出，降低曝光值拍摄

后期提亮照片

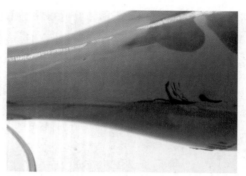
将照片局部放大

　　第一张照片是原始照片，可以看到，为了防止照片中产生太硬的光斑，我们降低了曝光值，但是这就会导致画面整体偏暗。后期提亮后，在原始尺寸下画质没有受太大影响，但如果我们放大照片，就会发现局部产生了非常严重的噪点，效果不是特别理想。所以在拍摄前期就要做好充足的准备，让画面整体的光线更明亮，并且曝光值也更高。

避免表面产生死白光斑

　　拍摄商品时，注意尽量不要让其表面产生较大的、死白的光斑，否则画面会显得非常粗糙，拉低所拍摄商品的档次。一般来说，要避免商品上形成死白的光斑，需要在光源之前加上柔光罩来柔化光线，这样就可以避免所拍摄的商品上产生死白的光斑。

 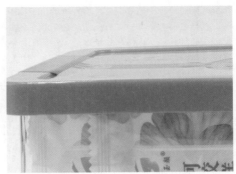

原始尺寸照片　　　　　　　　　　　　局部放大效果

观察这张照片，整体来看各部分非常均匀，并没有太过明显的瑕疵。但如果放大之后就可以看到，盒子的左上角边缘部分实际上是有死白的光斑的，这就是一种瑕疵。在网络上展示这种照片时，一旦有局部的放大图，这种死白的光斑就会显示出来，这会让商品的细节表现力大打折扣。所以拍摄时，对于这种有光滑平面的商品，一定要使用柔光罩进行拍摄。

用柔光箱拍摄商品

拍摄商品并不一定要借助专业的影棚。如果是小型的商品，从节省成本的角度来考虑，可以购买 60 厘米 × 60 厘米、80 厘米 × 80 厘米，甚至是 120 厘米 × 120 厘米的柔光箱进行拍摄。

所谓柔光箱，其实就是一种顶部四周有 LED 灯的小箱子，小箱子的各个内面都是反光性非常强的银色反光面，灯光打开之后，可以营造出各个角度光照都非常均匀的画面效果，这在拍摄一些商品的外观时非常有用。

将要拍摄的商品装入柔光箱，直接拍摄即可

拍摄这张照片时，光源在柔光箱的四周，而箱体内面（包括底面）会有一定的反光，也可以为一些阴影部分进行补光，这样就拍摄出了从各角度看都没有明显阴影的照片

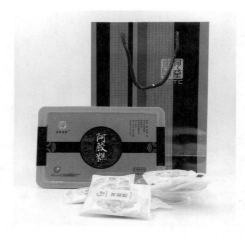

当然，借助柔光箱以及一些遮光设备，也可以拍出影调层次比较丰富的画面效果。比如说我们可以用纱布或纸张对某一侧的 LED 灯进行遮光，这样就会让画面产生明显的光比，从而拍出影调层次更加丰富、更加立体的照片。

商品与背景的搭配技巧

一般情况下，在影棚内拍摄，应该多准备一些深色或浅色的背景布和背景纸，这样方便针对不同的商品来搭配。通常情况下，拍摄浅色的商品适合用深色的背景进行搭配，拍摄深色的商品则可以用浅色的背景来进行搭配。这样画面效果会更加协调，商品的表现力会更好。

图中显示的是白色的背景纸

这张照片中的化妆品包装是深红色的，因此选用了浅色的前景来进行衬托，化妆品的视觉效果会更好

这张照片表现的是一种食品的原材料，因为对象是白色的盘子和浅色的核桃，所以用深色的背景来进行衬托，也会得到比较好的效果

当然，深色配浅色或浅色配深色并不是唯一的选择，摄影师也可以根据实际的设计需求和不同的创意方案，来进行合理的搭配。

这张照片中，同色系的背景和商品搭配，营造出了非常协调的视觉效果

第 11 章
摄影后期控光技法

在拍摄前期，曝光的控制以及现场的光线条件都会对照片的光影效果产生较大影响。本章我们将介绍如何通过后期的调整，重塑画面的光影效果，提升照片的表现力。

11.1 通过提高对比度来强化光感

如果照片灰雾度比较高，通透度不够，也就是反差比较小，则照片给人的感觉可能是光感不够。这种情况下，可以通过提高画面的对比度（反差）来强化画面的光感。但实际上强化光感时，并不是简单提高对比度就能够解决一切问题，还需要做一些相关的辅助调整，这样才能够让画面整体产生更自然、更真实的效果。

下面来看具体的案例。

原始照片

174

处理后的效果图

下面来看具体的处理过程。

首先在 Photoshop 中打开原始照片，在"图层"面板右下方单击"创建新的填充或调整图层"按钮，在打开的菜单中选择"曲线"，这样可以创建一个曲线调整图层，并打开曲线调整面板。

在打开的曲线调整面板中，首先我们看曲线的右上方和左下方。在直方图波形没有覆盖的区域，向中间拖动曲线右上方的锚点以及左下方的锚点到有像素的位置（从直方图上来看有像素的位置），这样就相当于确定了照片最亮和最暗的部分，此时照片开始变通透，但是中间调区域的对比度仍然不够。因此，在曲线的右上方，单击创建一个锚点，向上拖动，也就是继续提亮亮部；然后在中间位置单击创建一个锚点，向下拖动，压暗中间调，这样可以进一步增大反差。为了避免照片整体的暗部显得过暗，在曲线的左下方单击创建一个锚点，向上拖动一些，使其尽量靠近基准线。可以看到，此时的画面整体变得更加通透，也有了更强的光感。

此时观察照片会发现，虽然对比度够了，画面变得更加通透、有光感，但是因为提高了对比度，所以水面部分的饱和度过高，色彩有些失真。这时可以创建一个色相/饱和度调整图层，大幅度降低画面的自然饱和度。

　　这时画面整体的饱和度降低了，但我们的目的是只降低水面部分的饱和度，而不让天空部分变化。这时就可以在工具栏中选择渐变工具，将前景色设为黑色，背景色设为白色，设定从黑到透明的渐变，设定圆形渐变，将"不透明度"设为 100%，然后在天空部分由上向下拖动，将天空部分还原，因为黑色蒙版会遮挡当前的调整效果，也就是遮挡降低饱和度的效果。至此我们可以看到天空部分还原为原有的饱和度，但是水面部分饱和度降低。

因为此时的饱和度降低的幅度稍稍有些大，画面有些失真，所以我们可以单击选择上方的色相／饱和度调整图层，稍稍降低这个图层的不透明度，避免水面部分饱和度降低的幅度过大。

　　接下来，双击色相／饱和度调整图层的蒙版图标，打开蒙版属性面板，在其中提高"羽化"值，这样可以让调整部分与未调整部分结合，使其过渡更加柔和，效果更加自然。

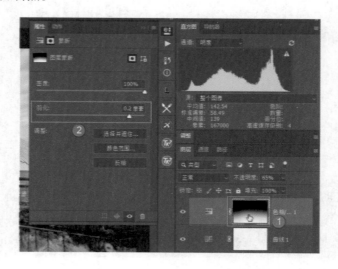

　　再次观察照片，发现目前水面部分效果已经比较理想，但是地景以及天空部分的饱和度稍稍有些低，可以对这些区域的饱和度进行提高。具体操作时，右键单击上方的色相／饱和度调整图层的蒙版图标，在弹出的菜单中选择"添加蒙版到选区"，也就是将水面部分的这一片蒙版变为选区。可以看到，此时的水面部分载入了选区。

　　接下来，按 Ctrl+Shift+I 组合键进行反选。这样就确保选中了地景及天空部分。

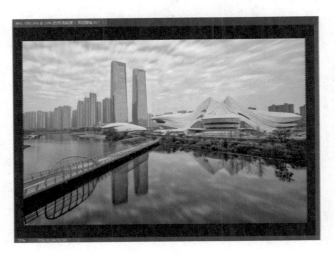

然后创建一个自然饱和度调整图层，大幅度提高这一部分的"自然饱和度"，也就是提高真实的地景与天空部分的饱和度，这样这部分的调整就完成了。

至此可以看到，首先强化了画面整体的反差，然后降低了水面部分的饱和度，最后提升了地景与天空部分的饱和度，最终就得到了非常好的画面效果。最后用右键单击某个图层的空白处，在弹出的菜单中选择"拼合图像"，将图层拼合起来，再将照片保存就可以了。

11.2 借助局部工具强化既有光线效果

　　本案例要处理的照片其实非常简单，就是在城市的一个过街天桥上拍摄的近处的道路以及远处的一些比较有特色的建筑。可以看到，拍摄时太阳已经将近落山，光线开始变得柔和，画面整体的色调有一些暖意，但拍到的画面中的温暖的氛围并不是特别强烈。所以在后期处理时进行了光线的强化，最终的效果有一种魔幻般的美感，光感非常强烈，画面整体的感染力也变得非常强。

原始照片

处理后的效果

下面来看具体处理过程。

首先，在 Photoshop 中打开原始照片，然后按 Ctrl+Shift+A 组合键，进入 Camera Raw，然后在右侧的工具栏中选择径向滤镜。

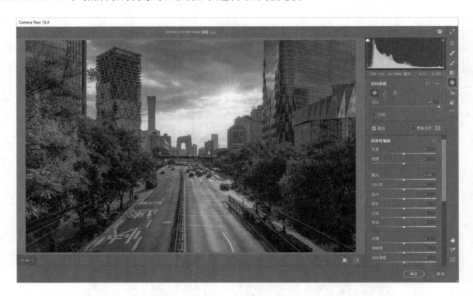

下面将要进行的操作是在光源位置建立一个径向滤镜，强化光源部分的亮度和色彩以及受到影响的区域，让光照的感觉更加强烈。

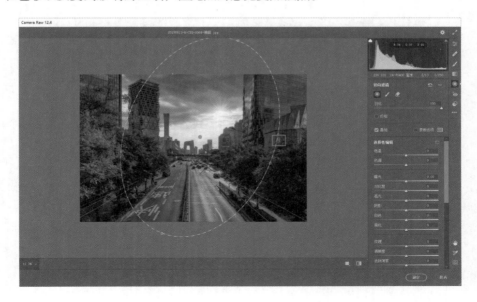

　　适当缩小画面视图，然后以画面远处太阳周边为中心，制作出一个径向的椭圆形的区域，椭圆形之内是光照的区域。现在可以先适当降低光照区域之外的亮度。在参数面板中勾选"反相"复选框，这表示下面将要调整的是椭圆形之外的区域。

　　降低"曝光"值和"高光"值。可以看到，椭圆形之外的区域整体变暗。

接下来我们再次创建一个径向区域，在照片上新的位置拖动即可。取消勾选"反相"复选框，这就表示将要调整的是椭圆形之内的区域。

然后在参数面板当中提高"曝光"值，降低"清晰度"的值，适当地降低"去除薄雾"的值，再提高"色温"值和"色调"值。具体的参数设定大致如下图所示。

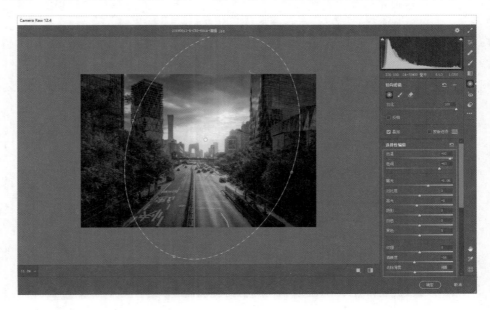

可以看到，这样调整之后，太阳的光感变得更加强烈，并且有了柔光的效果，显得非常梦幻。还可以根据实际情况，单击并拖动边线，改变光照区域的大小。

调整之后，我们就完成了光线效果的强化。实际上它分为两个部分，一部分是适当地降低四周的亮度，另一部分是提升太阳周边光照区域的亮度，并渲染色彩氛围。对比调整前后的效果，可以看到调整后的画面变得非常完美。最后单击"确定"按钮，返回 Photoshop，将照片保存就可以了。

本节将介绍如何通过重塑光影来改变画面的结构。

这张照片拍摄的是湖面游船在春风里荡漾的美景，但画面有一个明显的构图问题：波光粼粼的湖面与作为视觉中心的古塔这两者无论从内容还是光线效果来看，结合都不够紧密，甚至有些松散。在这种情况下，可以通过调整太阳光线照射的方向和氛围，让画面右侧的太阳光线的辐射区域连接到左侧作为视觉中心的古塔部分，可以看到，只是非常简单的改变，就将这两个部分很好地通过色彩和光影连接了起来，画面结构显得更加紧凑。

原始照片

处理后的效果

下面来看具体的处理过程。

在 Camera Raw 当中打开这张照片，从画面中可以看到，照片明显被分为了两个区域，一个是左侧古塔的区域，一个是右侧水面倒影的金光区域。这两个区域结合得特别不理想，所以就可以通过光照衔接起来。

首先在右侧工具栏中选择径向滤镜，然后斜向拖出一个径向区域，这样做是充分考虑到了太阳光线的特点。实际上，太阳光线不仅会照射到右侧的水面，也会照射到左侧的水面上，只是左侧的水面可能没有右侧的水面亮度高，因此这样拖出一个斜向的径向区域是符合自然规律的。之后，提高"曝光"值、"阴影"值、"色温"和"色调"的值，让画面从右上方到左下方有了光线的照射，也就是让原本分割的两部分建立了连接，让画面显得更加紧凑。完成调整后单击"打开"按钮。

此时再看会发现，左侧古塔倒影部分的水面的反光有一些亮，这会让照片显得不是特别干净。因此在 Photoshop 中创建一个曲线调整图层，向下拖动曲线，压暗整体画面。

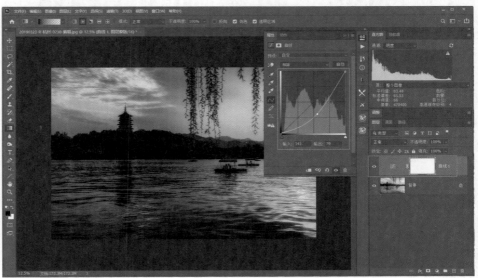

　　然后按 Ctrl+I 组合键进行反相，将白蒙版变为黑蒙版。由于黑蒙版会遮挡调整效果，所以曲线调整的效果会被完全遮挡起来。

　　这时在工具栏中选择画笔工具，将前景色设为白色。适当缩小画笔直径，将"不透明度"设为 13% 左右，这也是个人比较喜欢的一个值。然后移动画笔工具到画面上需要降低亮度的位置进行涂抹。这种轻微的涂抹非常不明显，但是多次涂抹之后，效果就会变得特别明显。正是这种多次轻微的涂抹，会让涂抹效果与画面结合得非常自然，这是画笔工具在后期中的正确使用方法之一。

这样就将古塔倒影中不干净的部分消除了，画面整体会显得更加干净。这样我们就重塑了光影，将画面左右两个区域很好地结合了起来，并且消除了画面中一些瑕疵。单击任意图层右侧的空白区域，在打开的菜单中选择"拼合图像"或"拼合所有图层"，最后将照片保存就可以了。

当然，在保存照片之前，可以先检查照片的色彩空间，如果色彩空间的配置文件并不是 sRGB，可以先打开"编辑"菜单，选择"转换为配置文件"，在打开的"转换为配置文件"对话框中，将目标空间的"配置文件"设为 sRGB，再单击"确定"按钮。

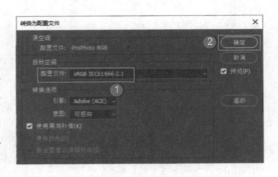

接下来打开"图像"菜单，选择"模式"，选择"8 位 / 通道"，将照片的位深度设定为 8 位，再将照片保存为 JPG 格式就可以了。

11.4　单独提亮主体，强化视觉中心

下面来看如何单独提亮主体，强化视觉中心。

原始照片整体灰蒙蒙的，因为它是在逆光的环境下拍摄的，天空亮度比较高，但是作为主体的建筑亮度不够，呈现出一种近乎剪影的状态。当然，画面当中花树的色彩以及建筑、水景等的色彩也比较暗淡。

原始照片

调整之后的画面如下图所示，可以看到，花树的色彩呈现了出来，水景、建筑等的色彩和影调细节也都呈现了出来，效果好了很多。

处理后的效果

下面来看具体的处理过程。

首先将拍摄的 RAW 格式照片拖入 Photoshop，照片会自动载入 ACR。接下来进行镜头校正。打开"光学"面板，勾选"删除色差"和"使用配置文件校正"，在下方稍稍向左拖动"晕影"滑块，目的是恢复四周的暗角，避免四周亮度过高。

　　接下来回到"基本"面板，单击上方的"自动"按钮，由软件根据画面的整体情况自动进行影调层次及饱和度等的优化。

　　优化之后的画面效果变好了很多，有一些比较暗的区域也被提亮，但是此时的照片仍然存在问题，那就是画面整体的色彩比较平淡。这时可以考虑为天空（也就是高光部分）渲染一定的暖色调，而为水面及周边一些比较暗淡的部分渲染一定的冷色调，这也符合光线与色彩的自然规律。切换到"分离色调"面板，在其中为

高光部分渲染一种偏暖的、红橙的色调，为阴影部分渲染一种青蓝的色调，参数设定如下图所示。可以看到，此时的画面当中，色彩发生了较大变化。

此时整个天空部分依然存在问题，亮度有些偏低，特别是花树等一些区域的阴影比较浓重。这时可以选择渐变滤镜工具，由上向下拖动，制作渐变效果。轻微地提高曝光值，降低高光值。要避免高光部分出现溢出，然后轻微地降低清晰度的值和去除薄雾的值，让天空中的光源部分变得朦胧一些、轻柔一些。通过这样的调整，建筑等区域有了更多的层次和细节。

接下来再选择径向滤镜。在主体的建筑部分创建一个径向滤镜选区，然后稍稍提高"曝光"值，降低"高光"值，避免这个区域高光溢出。整体亮度得到提升，就强化了作为主体的建筑部分。

　　此时我们会发现，照片的四周亮度还是有些高，因此再次切换到"光学"面板。在下方的校正量参数当中，降低"晕影"值，这样就完成了对照片的调整。

　　单击"存储"按钮，打开"存储选项"对话框，在其中设定照片的存储位置，这里设定为在相同位置存储，也就是保存到原 RAW 格式文件所在的位置。然后设定"文件扩展名"及"格式"：扩展名为 .JPG，格式为 JPEG，.JPG 是 JPEG 格式的扩展名，这种扩展名可以设定为大写，也可以设定为小写。元数据可以设定为全部，也就是保留所有的拍摄数据，包括拍摄日期、光圈、焦距、快门速度、感光度等。"品质"一般设定为 10 或 11，最好不要设为 12，因为设定为 12 时，画质提升不大，但是占用空间会大很多。"色彩空间"设定为 sRGB，"色彩深度"设定为 8 位 / 通道。"调整图像大小"可以设定为调整大小以适合长边，然后再设定长边的像素值，宽边像素值就会由软件根据当前照片的长宽比自动进行设置，这里设定长边像素值为 4000。设定好全部参数之后，单击"存储"按钮，照片就会输出为 JPEG 格式。

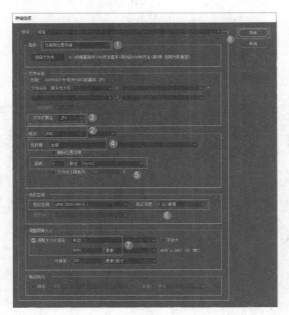

11.5　借助亮度蒙版让光线杂乱的画面变干净

　　现在再来看一个非常高级的技巧——借助亮度蒙版，让光线非常杂乱的画面变得干净。如果光线杂乱，画面必然会杂乱，这是因为画面中的各个区域具有大

195

量不同的对比度。

对比原始照片和处理之后的效果，明显发现处理之后的效果更好。之所以效果更好，是因为我们为画面创建了一个主光源。画面中间的上方明显有光线照射下来，这种光感串联起了整个画面。之后我们又对画面四周一些应该暗下来，但在照片当中不够暗的区域进行了压暗，让各个区域的亮度显得更加均匀，画面整体就更加干净了。

原始照片

处理后的效果

下面来看具体的处理过程。

依然是先在 Photoshop 中打开照片，然后进入 Camera Raw，选择径向滤镜在画面中间上方的位置创建一个主光源，很明显，照片的主光源就是位于这个位置。

　　然后提高"色温"值，提高"曝光"值，降低"高光"值，降低"清晰度"，降低"去除薄雾"的值，这样就创建了主光源。单击"打开"按钮，将照片在 Photoshop 中打开。

　　此时观察照片就会发现，岩石部分的亮度过高，导致画面整体变得非常凌乱。因此，创建一个曲线调整图层来降低全图的亮度。

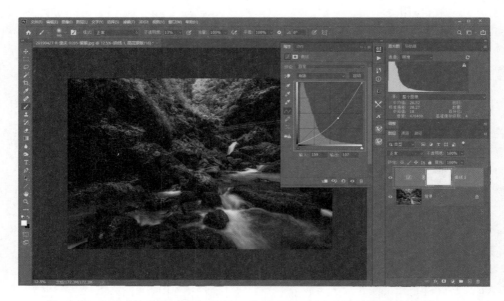

　　按 Ctrl+I 组合键对蒙版进行反相。蒙版反相之后，就隐藏了压暗效果。选择画笔工具，将画笔颜色设为白色，设为柔性画笔，降低画笔的"不透明度"，在想要压暗的位置进行涂抹，特别是左侧的岩石部分。经过多次轻微的涂抹之后，岩石部分的亮度就会降低，它会与周边水面的亮度更加接近，最终画面就显得更加干净。

　　对想要压暗的位置进行涂抹之后，双击蒙版图标，在打开的蒙版属性面板中提高"羽化"值，让涂抹区域与未涂抹区域进行结合，让画面更加柔和。这样就完成了这张照片的处理，最后拼合图像，保存照片就可以了。

11.6　自然光效：光雾小清新

　　我们来看第一个案例，它用的是人像摄影当中经常使用的一种技巧，即模拟太阳光线的照射，制作一种光雾的效果。这在一般的小清新人像摄影当中经常使用。看原始照片，很明显太阳光线从右侧照射过来，但是光感并不强烈，后期我们添加了一个光源，可以看到产生了光雾的效果，画面的色彩以及影调都发生了较大变化。

原始照片

处理后的效果

接下来看具体的处理过程。首先在 Photoshop 中打开原始照片，然后按 Ctrl+J 组合键复制一个图层。

接下来选中上方新复制的图层，打开"编辑"菜单，选择"填充"命令，打开"填充"对话框，在其中填充的内容我们选择黑色，然后单击"确定"按钮，这样就将上方的图层变为了一个黑色的图层。

接下来右键单击上方的图层，在打开的快捷菜单中，选择"转换为智能对象"，这样我们就将上方的黑色图层转换为了智能对象。

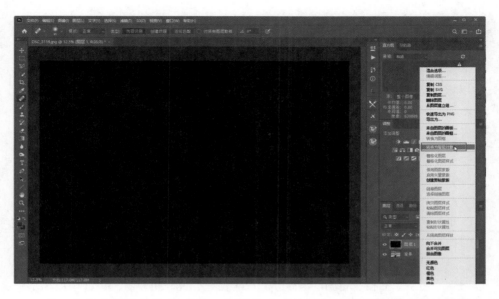

至于为什么转换为智能对象，主要是为后续添加滤镜效果做准备。转换为智能对象之后，我们就可以随意改变滤镜效果的位置，它不会与智能对象图层混合在一起。如果我们不转换为智能对象，那么后续添加滤镜效果之后，添加的滤镜效果就会融合到图层上，就没有办法只改变光晕的位置而不改变黑色图层的位置，所以我们必须先提前将图层转换为智能对象。然后打开"滤镜"菜单，选择"渲染"—"镜头光晕"，打开"镜头光晕"对话框。

在弹出的"镜头光晕"对话框中设定某一种镜头类型，一般来说拍摄人像大多在50-300毫米这个范围之内，所以说我们选择是"50-300毫米变焦（Z）"，然后将光晕拖动到光源应在的位置上，一般来说要放在光源投射的位置。这张照片当中光从右侧向左下方投射，那么光源就应该放到照片的右上方。

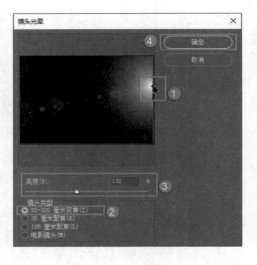

最后调整光源的亮度，可以将亮度适当提高，一般提高到100~150比较合适，然后单击"确定"按钮，接下来可

以回到"图层"面板，将图层混合模式改为滤色，此时可以看到画面中添加了一个镜头光晕的效果。但经过观察，我们会发现此时有新的问题出现，即光源的位置偏低。

这时我们就可以在"图层"面板中双击镜头光晕，再次拖动以改变光源的位置，然后单击"确定"按钮，这样就改变了镜头光晕的位置，将其放在了合理的位置上。

　　创建一个色相/饱和度调整图层，首先单击面板底部的剪切到图层按钮，确保色彩饱和度调整只是针对这个镜头光晕的光源，而不针对画面整体，即背景和人物等是不会发生变化的。然后勾选"着色"复选框，就相当于我们要为光源部分渲染一定的色彩，而不是只调整它原有的色彩。将色相滑块拖到红黄相间的位置，因为大多数暖色调是红色或黄色，然后适当降低饱和度的值，提高明度的值。

值得注意的是，"明度"的值越高，光雾的效果就越明显。调整完毕之后，我们就可以看到此时的光雾效果非常明显，但我们会发现这个光源四周产生了明显的圆圈。

这是使用50-300毫米变焦镜头得到的效果，画面看起来不是特别自然，因此我们可以再次双击镜头光晕，打开"镜头光晕"对话框并在其中改变镜头类型，这里我们选择"105毫米聚焦"。此时可以看到它呈现的是比较纯粹的光雾效果，而没有特定的光源造型。适当地改变亮度，会让光雾效果变得更加强烈。最后单击"确定"按钮，返回。

之后可以看到光雾效果非常强烈，并且画面整体比较自然。

当然，此时的光雾效果有点强，画面显得有点朦胧，这时我们可以单击上方的色相 / 饱和度调整图层，适当地降低这个图层的"不透明度"，让光雾效果变得弱一些。

再创建一个色阶调整图层，向右拖动黑色滑块，相当于压暗原有的照片的暗部，让它足够黑。这样画面的反差会变大，通透度会得到提升。最后拼合图层，再将照片保存就可以了。

11.7 自然光效：打造丁达尔光效

我们再看另外一种光效，即丁达尔光效的制作。

早春地面湿气比较大时，空气中的水珠会将光线的路径照射得特别明显，另外因为此时的太阳与地面的夹角比较小，光线更容易受到树木枝叶的遮挡，从而产生强烈的丁达尔光效。

原始照片

206

　　这张照片我们制作的就是太阳光线透过树冠之后产生的效果，可以看到通过制作丁达尔光效，画面出现了梦幻般的美感，效果还是比较好的。

处理后的效果

　　首先我们将照片在 Photoshop 中打开，自动载入 ACR，对画面进行初步调整，主要是提亮了一些暗部，让暗部呈现出了更多细节，当然还要适当地压暗黑色部分，让黑色部分足够黑。

初步调整之后，打开"色彩范围"对话框，选择"取样颜色"，我们选择照片中地面上受光线照射的部分。阴影一定要避开。

　　通过多次改变取样位置，我们要尽量将地面受光线照射的部分全部选择出来，在"色彩范围"对话框中可以看到地面的受光线照射的部分是白色的，选择的区域如果不够理想，还可以调整"色彩范围"对话框当中的"颜色容差"值，让选择的区域更加准确。调整好之后单击"确定"按钮返回。

　　这样就可以看到地面受光线照射的部分生成了选区，然后按 Ctrl+J 组合键，将我们选择的受光线照射的部分提取出来，保存为一个单独的图层。

　　打开"图像"菜单，选择"调整"—"曲线"，打开"曲线"对话框，向上拖动曲线，将我们提取的图层亮度大幅度提高，然后单击"确定"按钮返回。

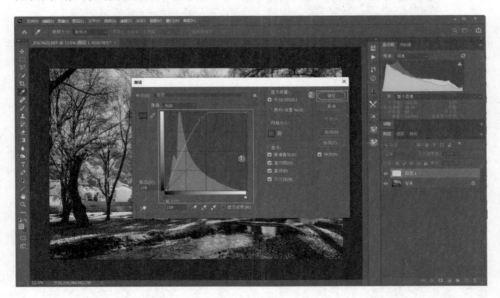

　　之后，打开"滤镜"菜单，选择"模糊""径向模糊"，打开"径向模糊"对话框，在其中选择"缩放"这种模糊的方式。将鼠标指针放在右下方"中心模糊"的中点上及十字的中点上，拖动改变中心的位置，这要根据画面当中的光源

位置进行拖动，尽量让中心位置位于光源位置上。如果两者相差太远，那么效果不会太自然。确定中心位置之后，拖动滑块，提高数量值，这表示要改变模糊线的长度，一般来说要稍稍长一些，当然也不能过长，如果模糊的数量值过大，可能模糊效果会变得比较轻。调整好之后单击"确定"按钮。这样就生成了丁达尔光效。

接下来为上方的模糊图层创建一个图层蒙版。

　　然后选择黑色画笔，设定前景色为黑色，将"不透明度"提到最高。然后对照片当中地面的阴影部分进行擦拭。因为这些阴影部分是不应该有顶点光源照射到的，所以必须得擦掉，画面才会足够自然。通过这种调整，光效就变得比较理想了。

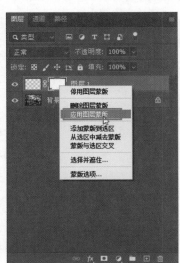

　　接下来右键单击图层蒙版，在弹出的菜单中选择"应用图层蒙版"，将这个图层蒙版效果应用到图层。此时发现有些位置光线较生硬。

　　打开"滤镜"菜单，选择"高斯模糊"，打开"高斯模糊"对话框，适当地对径向模糊的图层进行高斯模糊，丁达尔光效会显得更加柔和。之后单击"确定"按钮，就完成了对它的后期处理，最后将照片保存就可以了。

11.8 制作时间切片效果

　　下面介绍如何用时间切片效果在一张照片当中表现日夜转换的光影和色彩变化。想要得到时间切片效果，需要在拍摄时进行间隔拍摄。比如我们可以间隔3分钟或5分钟拍摄一张照片。当然这种拍摄要固定拍摄视角，在太阳落山前后进行持续拍摄，拍摄的时间跨度大约为半个小时。日落之前开始拍摄，5分钟之后继续拍摄，整个日落过程前后持续可能有半个小时，那么我们就间隔3分钟或5分钟记录下了不同的光影变化和色彩变化瞬间，最后通过时间切片的方法，将这些照片压缩到一个画面当中，就呈现出了时间切片的光影变化和色彩变化。

　　下面我们通过具体的案例来分析，不过在这个案例当中，我们拍摄的时间长度不够，只有大约10分钟，我们总共只拍到7张照片，但是已经呈现出了这种时间切片的效果，可以看到照片从左至右有一种明暗和色彩的变化。

处理后的效果

　　下面来看具体的处理过程。

　　首先全选拍摄的原始照片，在 Photoshop 中打开，照片会自动载入 ACR。

　　右键单击左侧胶片窗格当中的某一张照片，选择"全选"，选中所有照片。

打开"光学"面板，勾选"删除色差"和"使用配置文件校正"复选框。如果软件无法识别拍摄使用的镜头品牌和型号，那么我们就需要手动选择镜头品牌和型号，完成镜头的校正。

接下来回到"基本"面板当中，对画面的影调层次进行轻微的优化，主要包括对"曝光"值、"去除薄雾"、"对比度"以及"高光"的值的调整，当然还要稍稍地提高自然饱和度和饱和度，最后单击"完成"按钮，这样就完成了这组

照片的调整。调整完成之后，对 RAW 格式文件进行的修复的效果会存储在一个单独的 .xmp 记录文件当中，如果单击"取消"按钮，就不会有这个记录文件。

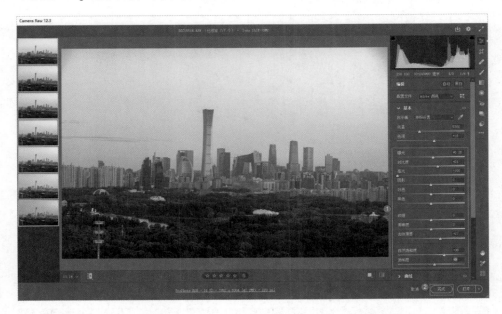

接下来我们在 Photoshop 当中打开"文件"菜单，选择"脚本"—"将文件载入堆栈"。

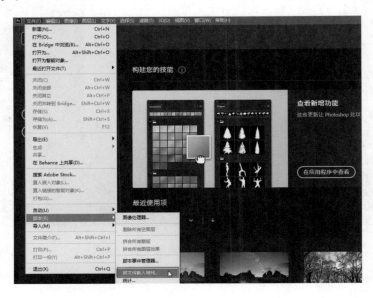

这时会打开"载入图层"对话框，将所有的 RAW 格式文件载入进来。勾选底部的"尝试自动对齐源图像"，然后单击"确定"按钮。

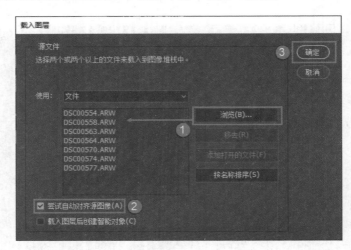

经过等待之后，所有的照片会载入同一个照片画面，但是分布在不同图层当中。

在工具栏中寻找时间切片工具。默认情况下，时间切片工具可能不会显示，这时需要我们在工具栏单击"编辑工具栏"。

　　打开"自定义工具栏"对话框，将附加工具中的切片工具拖动到左侧的工具栏当中，这样我们在工具栏中就可以找到切片工具了。完成后单击"完成"按钮。

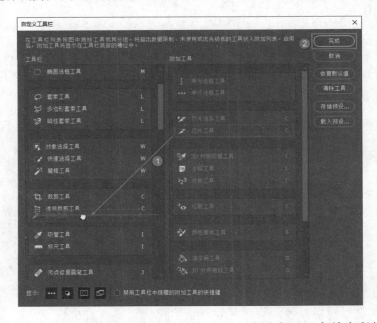

　　接下来在工具栏当中找到并选择切片工具，然后在画面中单击鼠标右键，在弹出的菜单中选择"划分切片"，在打开的"划分切片"对话框中勾选底部的"垂直划分为"，当然我们也可以选择"水平划分为"，但是大多数情况下我们会选择"垂直划分为"。需要注意的是，有几个图层，就要划分为几份。在本例中，因为一共有 7 个图层，也就是 7 张照片，所以要划分为 7 份。

　　在工具栏当中选择矩形选框工具，先勾选左侧的 6 个区域，在右侧的"图层"面板中当中选择最上方的图层，按 Delete 键，那么第 1 个图层左侧框选的部分就会被删掉。

　　然后选择第 2 个图层，框选左侧的 5 个区域，按 Delete 键将这些部分进行删除，这样第 2 个图层从右侧数的第 2 部分就会被显示出来。

　　按照同样的方法，接下来由右侧向左侧分别删除，经过多次删除之后，从图层面板当中我们就可以看到，最上方的图层显示的是最右侧的一份，第 2 个图层显示的是从右侧数的第 2 份，按顺序依次向左展开，这样最终就显示出了时间切片效果。

右键单击某个图层的空白处，在弹出的菜单当中选择"拼合图像"，这样就将图层拼合了起来。

打开"窗口"菜单，选择"清除切片效果"，再对照片进行适当的裁剪和优化，就完成了这张照片的处理，最后将照片保存就可以了。